本书由国家社科基金重大项目"人工认知对自然认知挑战的哲学研究"（21&ZD061）

山西省"1331 工程"重点学科建设计划

山西大学"双一流"学科建设规划

资助出版

认知哲学文库

丛书主编 / 魏屹东

公共知识的
认知逻辑

COGNITIVE LOGIC OF
COMMON KNOWLEDGE

陈素艳　　著

社会科学文献出版社
SOCIAL SCIENCES ACADEMIC PRESS (CHINA)

文库总序

认知（cognition）是我们人类及灵长类动物的模仿学习和理解能力。认知的发生机制，特别是意识的生成过程，迄今仍然是个谜，尽管认知科学和神经科学取得了大量成果。人工认知系统，特别是人工智能和认知机器人以及新近的脑机接口，还主要是模拟大脑的认知功能，本身并不能像生物系统那样产生自我意识。这可能是生物系统与物理系统之间的天然差异造成的。而人之为人主要是文化的作用，动物没有文化特性，尤其是符号特性。

然而，非生物的人工智能和机器人是否也有认知能力，学界是有争议的。争议的焦点主要体现在理解能力方面。目前较普遍的看法是，机器人有学习能力，如机器学习；但没有理解能力，因为它没有意识，包括生命。如果将人工智能算作一种另类认知方式，那么智能机器人如对话机器人，就是有认知能力的，即使是表面看起来的，比如 2022 年 12 月初 Open AI 公司公布的对话系统 ChatGPT，两个 AI 系统之间的对话几乎就像两个人之间的对话。这种现象引发的问题，不仅是科学和工程学要探究的，也是哲学要深入思考的。

认知哲学是近十多年来新兴起的一个哲学研究领域，其研究对象是各种认知现象，包括生物脑和人工脑产生的各种智能行为，诸如感知、意识、心智、自我、观念、思想、机器意识，人工认知包括人工生命、人工感知、人工意识、人工心智等等。这些内容涉及自然认知和人工认知以及二者的混合或融合，既极其重要又十分艰难，是认知科学、人工智能、神经科学以及认知哲学面临的重大研究课题。

"认知哲学文库"紧紧围绕自然认知和人工认知及其哲学问题展开讨

论，内容涉及认知的现象学、符号学、语义学、存在论、涌现论和逻辑学分析，认知的心智表征、心理空间和潜意识研究，以及人工认知系统的生命、感知、意识、心智、智能的哲学和伦理问题的探讨，旨在建构认知哲学的中国话语体系、学术体系和学科体系。

"认知哲学文库"是继"认知哲学译丛""认知哲学丛书"之后的又一套学术丛书。该文库是我承担的国家社科基金重大项目"人工认知对自然认知挑战的哲学研究"（21&ZD061）的系列成果之一。鉴于该项目的多学科交叉性和研究的广泛性，它同时受到山西省"1331 工程"重点学科建设计划和山西大学"双一流"学科建设规划的资助。

魏屹东

2022 年 12 月 12 日

摘　要

国内外对公共知识的研究起源于 20 世纪六七十年代，它是在涉及多主体之间的认知、约定、博弈等问题时提出的概念。公共知识是分析多主体复杂认知情况的重要工具，而且群体间协同行动的达成也是建立在主体对公共知识认知之上的。公共知识在现实中的运用非常广泛。

公共知识可以用逻辑方法来精细化刻画，即在一个初始命题集合上加入模态算子、认知算子，根据克里普克语义学，运用命题逻辑等方法获得符合语法的知识表述。因为公共知识本身具有层级无限性的特征，逻辑学家引入了固定点解释来实现公共知识的形式化。然而固定点解释只在元理论上有意义，在现实生活中并不具有实用性，所以逻辑学家又提出了共享情境解释。"共享情境"被认为是一个特定群体的认知背景，群体在背景知识中很容易获得公共知识。

但在共享情境解释中，主体的文化背景、位置偏好、激励偏好等都是公共知识获得必须考虑的非理性因素。而针对这些非理性因素的思考，恰恰为协同攻击难题的解决、公共知识的弱化问题提出了更为切合实际的解决思路。研究共享情境下主体协同执行能力的提高、主体认知状态的变化、公共信念的实现，都是获得相对公共知识以便更加契合现实生活达成群体协同行动的重要途径。

本书从多主体、多主体知识与多主体行为三个角度去看待公共知识是什么，其与协同行为的关系，以及主体认知能力的有限性导致的公共知识悖论及其弱化的方法。对公共知识问题的认知逻辑研究，是为了认识多主体知识在主体认知中的重要作用和意义，以及更好地将公共知识逻辑应用于实际生活中，获得相对公共知识，促进群体协同行为的达成。公共知识逻辑的研究和发展对认知科学所涉及的相关学科都有重要的指导作用和意义。

‖目　录‖

‖ Contents ‖

绪　论

人类一直在探索知识的本质，对知识的来源、主体认知的能力、认知的渠道、认知产生的行为、认知的结果等诸多方面进行着孜孜不倦的思考。排除了先天成就的可能，人类的知识是通过后天学习、群体成员之间相互沟通以及进行知识的推理等多种方式获得的。而知识的推理依赖于主体获得的各种群体知识（又称为"多主体知识"）。随着计算机科学、数学、经济学、博弈论、哲学逻辑等不同学科领域的迅猛发展，与群体知识相关的各种问题也日益凸显。

但是，人们对多主体知识的掌握往往只是凭借感觉和经验。如果把各种多主体知识相关概念运用逻辑工具进行精细化分析，那么多主体的认知就有可能突破主体理性的局限而获得长足发展。认知逻辑就是在用逻辑的方法研究主体认知推理过程和分析人工智能运行时产生的新兴学科，其既使用了传统逻辑的研究方法，又运用了现代逻辑的研究方法。从主体属性来看，认知逻辑又分为单主体认知逻辑和多主体认知逻辑。逻辑学家从20世纪50年代开始建构多主体认知逻辑系统，用逻辑的方法精细地刻画各种多主体知识，以及定义相关的公理及推导规则，并将行为、时间、偏好等算子加入认知模型，更加系统、直观地解释主体认知的一系列过程。

在20世纪下半叶，公共知识作为多主体知识中最强的知识状态，基于公共知识作为多主体认知工具的重要性，逐步进入了哲学、博弈论、决策论、计算机科学等学科领域专家的视野。运用逻辑形式化、公理化的方法来精细地刻画公共知识的定义、性质以及特征，建立公共知识逻辑公理系统，为研究公共知识相关问题提供了很大助力。而且，公共知识逻辑是认知逻辑的一个扩展分支。

一 研究意义

长久以来，东西方哲学家对"知识"的认知和运用或多或少都会涉及公共知识的概念。

中国哲学中有著名的庄子和惠子争辩"鱼是否快乐"的"鱼乐之辩"。在整个论辩过程中，庄子和惠子用三个重要概念来展开辩论，分别是"子非鱼""子非我""我非子"，并且这三个概念成为庄子和惠子双方都知道的公共知识：庄子知道，惠子也知道；庄子知道惠子知道，惠子知道庄子知道；等等。然而，二人所要争论的是"鱼是否快乐"，属于"私"鱼内心状态，不经过鱼自己的公开宣告，他人是不得而知的，也就是说未知的事件不能成为他们二人的公共知识。但是"鱼是否快乐"这一事件本身具有的未知性质却是庄子和惠子都知道的公共知识。所以，二人的争辩是建立在一定的公共知识基础上的，只是侧重点不同结论不同而已。

西方哲学家休谟（D. Hume）在提及归纳推理的结论具有或然性的问题时曾说："说到过去的经验那我们不能不承认，它所给我们的直接的确定的报告，只限于我们所认识的那些物象和认识发生时的那个时期。但是这个经验为什么可以扩展到将来，扩展到我们所见的仅在貌相上相似的别的物象；则这正是我所欲坚持的一个问题。"① 从这些言论中我们可以看出，休谟已经把"过去的经验""我们所认识的那些物象""认识发生时的那个时期"作为我们大家都知道的公共知识提及，并且完全把这些公共知识运用在类比推理中以期获得新知识。

在现实生活和交流中，如果群体内成员没有获得能够促进互动成功推进的公共知识，那么群体内的互动活动将会在很大程度上面临失败；反之，如果群体内成员获得了促进互动成功所需的公共知识，那么群体的互动活动很可能将获得成功。比如小学生守则里面有一条规定，如果和父母失散，就在原地等待或者寻求警察的帮助，切不可跟随陌生人走。老师向

---

① 休谟：《人类理解研究》（汉译世界学术名著丛书·哲学），关文运译，商务印书馆，1957，第33页。

学生反复叮嘱了这一规定，并把小学生守则着重交代给学生父母知晓，这一规则成为学生、老师、家长之间的公共知识。所以对于现在的小学生来说，如果他们和父母走失，就可能不再哭闹着到处寻找父母，甚至被坏人欺骗并带走。他们履行约定好的事情，或者在原地等待父母的到来，或者寻求警察、保安等人的帮助，直至和父母会合，大大降低了走失的可能性。父母也同样履行约定，从而和孩子会合。这就是公共知识给社会和谐带来的保障。P. 范德萨夫（P. Vanderschraaf）和 G. 萨拉瑞（G. Sillari）就认为公共知识有利于多主体的复杂认知，并且获得公共知识能够保障我们的社会生活。①

在军事行动中，一方获得的军事情报，即公共知识往往是统帅做出决策的重要依据。在《三国演义》中，诸葛亮和周瑜共同做出了火烧赤壁的决策，重要的原因就是，"曹军是陆军，不精通水战；曹军的船只都用铁索连接起来"成为二人的公共知识，二人根据这一信息制定了取胜之策。

在经济决策中，企业要想在竞争激烈的市场角逐中站稳脚跟，必须"知己知彼"。2017 年 5 月，"一带一路"国际合作高峰论坛在北京举办，来自"一带一路"沿线的二十国青年共同把高铁、支付宝、共享单车和网购评为我国"新四大发明"。中国"新四大发明"已经成为被采访青年的"公共知识"。所以，信息能成为众所周知的"公共知识"，也是社会公众知识变化的重要标志之一。

在一定的社会博弈背景下，人们的任何行动都是需要做出取舍的，究竟最后会做出什么样的抉择，追根究底取决于他们本身拥有的个体知识和群体知识（包括所涉及的普遍知识、公共知识、分布知识等）。所以在一定的社会背景下，各个群体的知识拥有情况直接决定了各自博弈策略的制定。博弈参与各方在博弈开始之前必须做一个强假定：每个博弈参与人都是理性的。这个强假定将会作为博弈参与各方的公共知识，贯穿于整个博弈的过程。"每个博弈参与人都是理性的"，或者通俗一点说"每个博弈参与人是理性的，每个博弈参与人知道每个博弈参与人是理性的"，等等。

---

① P. Vanderschraaf, G. Sillari, "Common Knowledge," *Stanford Encyclopedia of Philosophy*, 2001, p. 6.

"理性"就是主体始终能够根据逻辑公理和推导规则推导出有效的逻辑结论。当然这并不是根据现实中每个人的认知能力提出的，其目的是避免博弈过程中复杂烦琐的无法解决的认知状态，比如某个博弈参与人或者某些博弈参与人不知道或不相信其他博弈参与人是理性的等情况。博弈在"每个博弈参与人都是理性的"这一强假定下展开，在信息的共享过程中推导争取自身最大的利益。而且，博弈参与人在博弈的过程中是否拥有公共知识，是博弈能否成功的关键。R. J. 奥曼（R. J. Aumann）根据博弈结构是否包含公共知识将博弈分为完全信息博弈和不完全信息博弈两大类。①

　　根据博弈论专家 R. J. 奥曼基于公共知识提出的奥曼定理，经济学家给出了"无投机定理"或"无贸易定理"，即如果人们能够充分交流，而且都是理性的，那么人们之间不可能对给定事件的判断存在不一致。也就是说，人们以风险规避为前提，不可能在有共同的事先概率的情况下做相反方向的投机，因而只有在交流不够、信息不充分，或者人们并不理性的情况下才可能存在投机，否则投机是不可能发生的。这也是把公共知识应用在数学经济学上的典型案例。比如，假定主体 a 和主体 b 对钱的效用认知相同，并正在进行一桩交易。a 有一件物品，打算以此与 b 进行交易。a 认为该物品价值低于某价格，打算把该物品以此价格卖给 b；b 认为该物品价值高于某价格，愿意以此价格买下该物品。以上是 a 和 b 的公共知识。如此看来，该交易是能达成的。但是，从理论上讲，这桩交易是不可能达成的。因为，在交易期间，如果 a 愿意卖出该物品，b 必然会认为该物品不值此价格，交易价格偏高，显然不会买下该物品；相同地，如果 b 愿意买下该物品，a 必然会认为该物品的价值超过此价格，交易价格偏低，也不会出售该物品。a 与 b 在同样信息下就该物品价格的评估看法成为二人的公共知识，二人据此推理而使交易不可能达成。所以，双方掌握公共知识的程度是博弈是否成功的关键一环。

　　在互动推理活动中，群体内成员不仅要拥有足够多的普遍知识（在现实世界的个体知识），还必须知道推理活动涉及的其他成员所拥有的知识，不仅要"己知己"还要"己知彼"，不仅要"彼知己"还要"彼知彼"，

---

① R. J. Aumann, "Agreeing to Disagree," *The Annals of Statistics*, 1976, 4 (6).

不仅要"己彼知己"还要"己彼知彼",等等。成员所拥有的这种交互知识从低阶知识逐步转向高阶知识,直至群体获得公共知识。所以,群体互动的过程依靠交互知识,群体互动的结果就是产生公共知识和相对应的协同行为。

在人工智能领域,公共知识被认为是"任何傻子都知道"的知识,公共知识表达的信息量为0;公共信念是公共知识的一种,也没有被表达的必要;而隐含知识是聪明人才有的知识,对于它,未必人人都知道,若群体中的聪明人将该知识告诉他人,他人的知识总量才能够增加。逻辑学家潘天群认为,若某个命题是属于博弈群体的公共信念,那么,该命题将不应当被明确表达出来,因为即使这个命题不被说出,理性的表达者也相信这个命题成立,表达者的信息量不会增加。但是,某个不被说出来的命题,不一定就是公共信念。被表达出来的命题不一定是公共信念,未被表达出来的命题也不一定是公共信念。但是只要是公共信念就不需要被表达出来,表达者知道其成立。[①]

笔者认为命题就是用来表达的,没有不用来表达的命题。如果知识不表达出来,人类将不能通过后天沟通获得知识,人类将只能处于本能的生存状态,刀耕火种,而不能取得社会的进步。所以,公共知识,包括公共信念必然要被表达出来,它所表达的信息量不是0,它的表达过程是一个信息逐步增加的过程,就像在"泥孩难题"中,爸爸每提问一次,每个孩子就可以获得新的公共知识,直到第 n 次,孩子们终将获得问题的答案并采取一致的行为。公共知识是众所周知的知识,是有利于群体认知的多主体知识。

通过对以上几种学科的分析,研究公共知识问题在不同的学科领域都有重要的意义,而且拿起逻辑的武器来探索公共知识,将会是剖析公共知识本质的一大顺途。

(1)顺应逻辑学研究方向的大转变,着重于研究多主体的认知,尤其是公共知识在多主体知识层级结构中处于最强知识状态的分析。

(2)紧贴认知逻辑研究的前沿,着重于分析多主体的认知与行为之间

---

① 潘天群:《言语博弈与认知世界的变迁》,《西南民族大学学报》2007 年第 11 期。

的关系，特别是关于公共知识与协同行动的研究。

（3）适应先进学习发展的需求，研究公共知识在博弈论、决策论、经济学、人工智能、数学等学科领域中的作用。

（4）服务社会工作和现实生活，精细分析相对公共知识（comparative common knowledge）在现实生活工作中的各种应用，比如公共信念的扩张、收缩等。

总之，一方面，多主体认知的发展使得逻辑学家拿起逻辑工具对公共知识概念进行更加准确、精细的分析。另一方面，形式化、公理化后的公共知识有助于博弈论、决策论、人工智能等学科相关理论的发展。同时，研究公共知识问题也离不开对主体自身理性有限性，以及主体偏好的思考。

二 国内外研究现状

国外哲学家对公共知识这个概念的研究是从 20 世纪六七十年代开始的，主要从以下三个方面入手。

（1）关于"公共知识是什么"的问题。

（2）关于"公共知识的来源是什么"的问题。

（3）关于"公共知识如何运用"的问题。

哲学家在对公共知识的定义过程中经历了从非形式化到形式化的阶段。一般来说，一个命题 φ 是群体的公共知识，是指当且仅当群体中每个主体都知道 φ，并且每个主体都知道每个主体都知道 φ，每个主体都知道每个主体都知道每个主体都知道 φ，以此类推。这是对公共知识的非形式化的定义。定义中很明显存在层级无限性、循环定义等问题，并且鉴于语言的特性很难实现形式化。为了解决形式化这一难题，哲学家提出了"固定点"解释，有效地解决了难以形式化的问题。但是包含固定点解释的定义实际上也暗含了公共知识层级无限性的特征。而且固定点解释只在元理论上有意义，在实际现实生活中没有什么参考价值。那么，如何有效地体现出公共知识的特征并合理地进行形式化定义，是哲学家需要深入思考的问题。

而后，为了解决固定点解释在现实中苍白无力的难题，哲学家提出了公共知识的情境解释。特定的情境被认为是公共知识获得的来源。当然，群体成员之间的互动、互知也被认为是公共知识获得的必要条件。当主体之间的互知层级达到高阶有限时，互知的最终结果就是获得公共知识。

只有把公共知识进行逻辑形式化、公理化，才能够使公共知识被应用到越来越广泛的学科领域中。虽然公共知识具有层级无限性的特征，但是形式化后的语言有穷性的存在和各种公理系统、推导规则的引导，可以在逻辑操作上避免层级无限性，更好地进行运算推演，从而使公共知识能在一些学科领域内得到长足的发展。

因而，公共知识逻辑是运用逻辑的方法研究公共知识的学科。国内外对公共知识逻辑的研究，可以从两个维度来进行总结：一个是从认知科学发展的维度纵向了解公共知识逻辑的认知基础，另一个是从逻辑学科的发展维度横向了解公共知识逻辑的发展脉络。

一是，从认知科学发展的维度，纵向看公共知识逻辑的发展。

首先是认知科学的建立。20世纪70年代中期，为了揭开人类心智的奥秘和促进相关学科发展，在美国正式建立了认知科学。认知科学研究的内容涉及哲学、数学、心理学、逻辑学、语言学、计算机科学等多个学科领域。

其次是认知逻辑的发展。其中，认知科学与逻辑学的跨学科研究产生了认知逻辑（epistemic logic）这门新兴学科，使得逻辑学的研究重心也相应转移到了对人类认知的方面。我国著名的逻辑学家鞠实儿曾经说过，逻辑学的认知转向就是指"从起源于弗雷格的以数学基础研究为背景的逻辑学，转向构造认知过程的规范性或描述性模型的逻辑学"。[①] 逻辑学在认知转向之前主要应用的是形式公理以及演绎逻辑的方法，转向之后着重思考道义、偏好等感觉经验的因素。逻辑学不再是固守纯逻辑、纯形式等研究方式，而是以人为本，多角度、多方位、多学科地分析人类认知的规律。认知逻辑学不仅是要为人类思维立法，更是要审视认知深层次的规律来适应认知科学的发展。目前来说，认知逻辑的体系包含：哲学逻辑、语言逻

---

① 鞠实儿：《逻辑学的问题与未来》，《中国社会科学》2006年第6期。

辑、心理逻辑、人工智能逻辑、文化与进化逻辑、神经网格方法和网络逻辑。

最后是公共知识逻辑的兴起。公共知识逻辑是认知逻辑的一个扩展分支，是运用逻辑的方法来研究公共知识问题。公共知识逻辑服务于认知逻辑体系的各门学科。

二是，从逻辑学发展的角度，横向看公共知识逻辑的发展。

首先，经典逻辑通过增加表达必然和可能的模态算子产生了模态逻辑。

亚里士多德在《工具论》中就建立了模态三段论，其中包含了"必然"、"偶然"和"可能"三个算子。莱布尼茨的可能世界理论成为模态逻辑发展的新工具。休谟对因果性和必然性的阐释，推进了哲学家对必然和可能关系的认知。英国逻辑学家 H. 麦克考尔（H. MacColl）系统地阐释了模态命题逻辑的理论。而 D. 刘易斯（D. Lewis）是真正建立模态逻辑系统的哲学家。那么，以"必然"和"可能"模态算子解释的经典模态逻辑系统属于正规模态逻辑，比如 S1、S2、S3、S4 和 S5 等模态逻辑系统；以"认知""时间"等算子解释的模态逻辑系统属于非正规模态逻辑，比如认知逻辑、时间逻辑、道义逻辑。①

其次，认知逻辑是在经典逻辑的扩充系统模态逻辑产生之后才出现的。

认知逻辑是在模态逻辑的基础上加入"知道""相信"等算子，研究知识的推理和规则的逻辑系统，属于模态逻辑的子系统。J. 辛迪卡（J. Hintikka）在《知识和信念：这两个概念的逻辑导论》一书中最早用克里普克的可能世界理论来刻画认知，并且第一个在语形和语义方面建立了比较完整认知逻辑系统，其中引入四个二元认知算子——K_a、B_a、C_a、P_a，并把信念作为命题态度来研究解释主体 a 与命题 φ 之间的关系。目前，认知逻辑根据研究的算子不同可以分为断定逻辑、知道逻辑、信念逻辑、广义认知逻辑、认知状态逻辑、认知缺省逻辑等。

再次，经典认知逻辑初始以单主体为研究对象，而对单主体认知逻辑进行扩展得到了多主体认知逻辑。

---

① 不论是正规模态逻辑还是非正规模态逻辑都是经典逻辑的扩充。

认知在现实生活中基本上都是多个主体之间相互交流而产生的结果，我们有必要研究以一组主体（一个群体）为背景的认知推理模式。这就涉及主体已获得知识的结构、主体的认知偏好、主体获取知识的行为以及行为导致的主体知识变化等诸多方面的内容。所以多主体认知涉及推理的动态性和知识的多样性。20 世纪 80 年代，R. 范根（R. Fagin）、J. Y. 哈尔彭（J. Y. Halpern）、Y. O. 莫斯（Y. O. Moses）、M. 瓦迪（M. Vardi）四人（被合称为 FHMV）引入了表示公共知识的算子（CK）和公共信念的算子（CB），建立了多主体认知逻辑系统。他们用高阶算子 K_a 和 K_b 的无穷合取来定义 CK 和 CB，但是没有完全解决经典逻辑中句子长度和公理模式数量有穷的局限性问题，他们利用将 n 个克里普克关系引入语义的方法证明了包含 CK 和 CB 的公理系统的可靠性和完全性。

最后，公共知识逻辑是多主体认知逻辑的扩展分支。

1992 年，J. Y. 哈尔彭和 Y. O. 莫斯通过引入固定点公理和归纳规则解决了公共知识层级的无限性无法用形式语言表达的问题，真正实现了用逻辑符号来完全刻画公共知识。而鉴于现实生活中绝对公共知识无法获得的难题，2004 年，B. 库艾（B. Kooi）和 J. 本瑟姆（J. Benthem）提出了相对公共知识这一概念，并建立了包含相对公共知识的认知逻辑系统。公共知识已经渗入认知逻辑系统中，而建立的独立的公共知识逻辑将会是多主体认知逻辑的扩展分支。

（一）国外研究现状

公共知识（common knowledge）属于多主体知识中的高阶知识，它是应多主体认知科学、博弈论、计算机科学、决策论等学科的发展而提出的，在不同的学科中有不同的研究侧重点。或者说，"公共知识"这个概念最早并不是为研究它自身而提出的，而是为了满足研究相关学科发展的需要。例如，美国哲学家 D. 刘易斯提出"公共知识"概念是为了更好地给"约定"一词定义；J. C. 哈桑尼（J. C. Harsanyi）提出公共知识概念是为了研究完全信息或不完全信息对博弈的影响。"公共知识"这一概念的出现完全是为了解决相关学科的问题，并没有形成自身的理论体系。

"公共知识"最早的萌芽是在哲学家休谟 1740 年的著作《人性论》一书给出的"约定"的定义中。休谟这样理解"约定"："约定是人们的协议。协议创造出新的动机。根据经验可知，我们如果制定一些符号或者标志，用以相互约定我们在所处事情中的行为，那么事情的进行将会调整到对彼此都有益。当每一个人感觉所有的人都会拥有相同的利益时，他就会履行约定。"① 在这里，休谟已经认为群体获得相同利益且群体行为达成的必要条件就是约定规则为相关主体共知并一直遵守，如果没有这个必要条件，所有相关主体就会失去即将获得的同等利益。在这里"协议"作为"公共知识"概念的萌芽形态，对其含义的阐述已经可见一斑。

J. C. 哈桑尼提出"公共知识"概念，并不是要专门分析"公共知识"，而是为了研究信息在博弈中发挥的作用。1967 年，他在《不完全信息博弈：第 1 部分》一文中说："在博弈论（Game Theory）的所有研究中一个基本的假设就是'所有博弈的主体都是理性的'成为公共知识。"② 而且，J. C. 哈桑尼认为公共知识就是博弈完成的基本条件，根据博弈结构是否含有公共知识可以将博弈分为完全信息博弈和不完全信息博弈两种类型。

公共知识这一概念的正式提出，可考证的是美国哲学家 D. 刘易斯在 1969 年出版的《约定论：一份哲学上的考量》一书。但是他提出公共知识这一概念的主要目的是定义"约定"一词。D. 刘易斯是这样利用"公共知识"定义"约定"的：

> 群体 G 中每个主体都是情境 S（可重复出现）中的主体，如果主体行为中的规则 R 是一个"约定"，当且仅当，在情境 S 中，对群体 G 中每个主体来说：
> ①群体 G 中的每个主体都遵守规则 R。
> ②群体 G 中的每个主体都期望他人遵守规则 R。
> ③群体 G 中的每个主体都偏好遵循规则 R。
> ④以上三个命题是群体 G 的公共知识。

---

① D. Hume, *A Treatise of Human Nature*, New York: Oxford University Press, 1740, p. 5.
② J. C. Harsanyi, "Games with Incomplete Information Played by Bayesean Players: Part I," *Management Science*, 1967, (8).

⑤那么，规则 R 成为群体 G 中每个主体的一个"约定"。①

D. 刘易斯关于"约定"的定义包含特定的情境 S、特定的群体 G 以及约定规则 R。其中，主体对规则 R 的遵守、期望、偏好，都被认为是群体 G 的公共知识，这很明显是公共知识的信念表达。从博弈论的角度来看，情境在"约定"定义中成了一个协调问题，对约定规则 R 的一致遵循是情境 S 中的一个协调均衡。

随之，D. 刘易斯给出了一个含有信念表达意思的"公共知识"定义：

如果群体 G 中有公共知识，那么：

①命题 φ 为真。

②群体 G 中的每个主体都相信命题 φ 为真。

③群体 G 中的每个主体相信群体 G 中的每个主体都相信 φ 为真。

④群体 G 中的每个主体相信"命题 φ 为真"成为群体 G 的公共知识。②

在此定义中，群体 G 的公共知识是群体 G 中的每个主体都相信"命题 φ 为真"。D. 刘易斯所给出的公共知识的定义可以算作公共知识定义的雏形，因为第一，他用自然语言来表述定义，并没有进行形式化表述；第二，他没有建立起公共知识逻辑系统；第三，他的定义中包含了"相信"信念算子，涉及公共信念概念，并不是纯粹意义上的"公共知识"定义；第四，他用自然语言给出了"公共知识"定义，只能算是对主体感觉经验的表达。所以，D. 刘易斯给出的"公共知识"定义的雏形，并不是真正意义上的"公共知识"定义。

博弈论专家 R. J. 奥曼 1976 年在《对不一致保持一致》一文中提及："假定有两个主体 a 和 b，如果 a 知道 φ，b 知道 φ，a 知道 b 知道 φ，b 知

---

① D. Lewis, *Conventions*：*A Philosophical Study*, Cambridge：Harvard University Press, 1969, pp. 52-57.

② D. Lewis, *Conventions*：*A Philosophical Study*, Cambridge：Harvard University Press, 1969, pp. 52-57.

道 a 知道 φ，a 知道 b 知道 a 知道 φ，以此类推，命题 φ 就是 a 和 b 之间的公共知识。"他还认为："当两个人同时看到一个事件发生的时候，该事件的发生便是这两个人的公共知识"。① 那么这里两个人的公共知识包含了"该事件的发生"这件事情和"该事件"本身。R. J. 奥曼在文中证明了理性经济主体不能就"不一致"保持一致，这个结论被称为奥曼定理。R. J. 奥曼定义的公共知识不同于以往的观点体现在以下两点：一是他认为群体中每个成员个体信息的汇总会产生公共知识，二是采用了可能世界语义学中的"可及关系"来描述公共知识。前一点对公共知识的表述会造成定义的循环表达，后一点对公共知识表述的缺点会导致定义迭代（iteration）。循环表达和定义迭代也是公共知识定义面临的亟待解决的问题。

鉴于 R. J. 奥曼定义公共知识循环表达的特点，G. 哈曼（G. Harman）在 1977 年的《常识，在道德本质上》一书中提出了公共知识的固定点解释，针对公共知识环状的特征引入自我指涉，解决了循环表达的问题。② 但是我们只在对公共知识的元理论探讨中用到固定点解释。G. 哈曼的固定点解释有两个弊端：一个是在现实生活中不具有实际意义，另一个是并不能很好地表达出主体心理状态、偏好等情况。

正是因为公共知识能够摆脱层级的无限性，进行逻辑形式化的精细表达，便于推理和运算，所以它才能够很好地运用于人工智能领域。1979 年，人工智能专家 J. 麦卡锡（J. McCarthy）在人工智能领域描述公共知识为"任何傻子都知道"的知识，公共知识的信息量为 0。他后来着重于尝试研究普遍知识的形式化问题，假定了一个外部语境，限定时间、地点、主体，运用最基本的逻辑公式来使人工智能能够表达普遍知识。那么这里，普遍知识是否可以被认为是特定情境下群体的公共知识呢？普遍知识实际上可以被认为是相对公共知识的现实应用之一。

公共知识的公理化是 P. 米尔格罗姆（P. Milgrom）进行刻画的，他还在 1981 年的《公共知识的公理化特征》一文中详细说明了作为多主体知识的公共知识和普遍知识之间的关系，并提出了含有公共知识算子的逻辑

① R. J. Aumann, "Agreeing to Disagree," *The Annals of Statistics*, 1976, (4).
② G. Harman, *Convention*, *in the Nature of Morality*, New York：Oxford University Press, 1977.

公理和推导规则。

M. 巴卡拉克（M. Bacharach）在 P. 米尔格罗姆的公共知识公理化的基础上进行了扩展。1985 年，他在《对知识的公理化模式扩展》一文中，为了避免公共知识层级的无限性，使用"认知模型"来详细阐述具有可靠性和完全性的公共知识公理化模式。

除了层级的无限性解释和固定点解释外，J. 巴威斯（J. Barwise）还提出了公共知识的情境解释。1988 年，他在《公共知识的三种观点》一文中对公共知识的固定点解释进行了情境建构，发展了公共知识的情境研究，提出了除非所有主体都具有完美理性，否则层级解释、固定点解释和情景解释三种刻画公共知识的方法之间并不是等价关系。而"所有主体都具有完美理性"这当然在现实中是不可能实现的。他还认为情境可以作为公共知识的来源理解。①

公共知识的层级无限性特征，以及主体的非完美理性等导致了绝对意义上的公共知识无法获得，然而现实生活中依赖公共知识才能达成的协同行动仍然能够进行，这一悖论一直困扰着逻辑学家。于是逻辑学家开始用将绝对意义上的公共知识进行弱化得到相对公共知识的方法来解释这一悖论。D. 孟德尔（D. Monderer）和 D. 萨美特（D. Samet）是专门研究这一方面的专家。1989 年，他们在《公共信念中的近似公共知识》一文中提出了近似公共知识——公共 p-信念这一概念，公共知识等价于公共 p-信念。他们认为可以用近似公共知识性质的公共信念来说明公共知识层级的无限性，这种公共信念通过概率来进行刻画，达到使公共知识弱化的效果，当概率为 1 时，公共 p-信念等价于公共知识。②

对公共知识进行系统化分析的是 J. Y. 哈尔彭和 Y. O. 莫斯，1990 年，他们在《分布式系统中的分布知识和公共知识》一文中，描述了多主体知识的完美层级爬升状态，对最强知识状态的公共知识进行了一些分析。他们还分析了公共知识在现实中难以获得的原因，提出了对公共知识进行弱

---

① J. Barwise, "Three Views of Common Knowledge," CSLI Working Paper, 1988.
② D. Monderer and D. Samet, "Approximating Common Knowledge with Common Belisfs," *Games and Economic Behavior*, 1989, (1).

化的几种方法。

公共知识逻辑系统是 J. Y. 哈尔彭和 Y. O. 莫斯正式提出的。1992 年，他们在《知识和信念模态逻辑的完整性和可靠性证明》一文中试图建立公共知识逻辑系统，用固定点公理 "$C_a \rightarrow E\ (a \wedge C_a)$" 来分析刻画公共知识，很好地解决了公共知识因为层级无限性带来的难以形式化的问题。

实际上，公共知识与公共信念是不同的。从真值上来说，公共知识必然为真，公共信念则有真有假。1994 年，L. 李斯蒙特（L. Lismont）和 P. 摩根（P. Mongin）在《关于公共信仰和公共知识的逻辑》一文中着重分析了知识和信念的不同，认为被认知的命题（知识）必然是真的，而被相信的命题（信念）可能是真的也可能是假的。现代认知逻辑通过考虑二者之间的这种差异，极大地简化了对知识与信念的分析。也就是说，现代认知逻辑把知识作为一种特殊的信念来分析，特殊之处在于在被相信的情境里这一命题一直为真。

公共知识在现实中运用是非常广泛的。比如在博弈论中，1994 年，K. 宾莫（K. Binmore）在《博弈论与社会契约（第 1 卷）——公平竞争》一书中认为："建立在传统方式上的任何博弈都是在博弈规则和公共知识或隐性或显性假设的基础上推进的。"[1] K. 宾莫已经把公共知识作为任何博弈中不可或缺的因素来思考研究。

公共知识逻辑系统的可靠性和完全性是由 FHMV 证明的。1995 年，R. 范根、J. Y. 哈尔彭、Y. O. 莫斯和 M. 瓦迪在《知识的推理》一书中描述了知识推理的途径，研究了多主体知识在协同系统、人工智能和博弈论中的应用，证明了公共信念和公共知识逻辑系统的可靠性和完全性。

公共知识和公共信念的层级解释和固定点解释之间的关系是 L. 李斯蒙特和 P. 摩根分析的。1996 年，他们在《信念封闭：公共知识的模态逻辑语义》一文中首先定义一个命题是信念封闭的，然后定义该命题在一个可能世界中是公共信念，进而证明公共知识公理的可靠性。

W. 范·德·霍克（W. van der Hoek）和 J. J. 迈耶（J. J. Meyer）建立

---

① K. Binmore, *Game Theory and the Social Contract*（Volume 1）*—Playing Fair*, Cambridge：MIT Press, 1994, p. 31.

了包含公共知识的 S5$_m$（C，D，E）逻辑系统。1996 年，他们在《多主体完全认知逻辑：分布知识与公共知识并存》一文中建立了逻辑系统 S5$_m$（C，D，E），该系统有 15 条公理和 3 条推导规则。

利用近似公共知识解决协同攻击难题，达成近似协同行动的方法是 S. 莫瑞斯（S. Morris）和 H. 辛（H. Shin）提出的。1997 年，他们在《近似公共知识和协同：博弈论的近期研究》一文中以博弈的方式研究了协同攻击难题的防备版本，提出利用近似公共知识解决协同攻击难题，以达成近似协同行动。

比公共信念更弱的公共 p-信念弱化后可以得到公共 p-弱信念。1999 年，S. 莫瑞斯在《近似公共知识修正》一文中提出了对公共 p-信念进一步弱化得到公共 p-弱信念概念，并证明其对于近似协同的达成是充分而必要的条件。

包含相对公共知识的认知逻辑系统 S5$_m^B$（C，D，E）是 B. 库艾和 J. 本瑟姆提出的。2004 年，他们提出了相对公共知识这一概念，建立了相对公共知识和群体隐含知识的公理化系统 S5$_m^B$（C，D，E）。

公共知识在现实生活中具有非常重要的意义。2005 年，P. 范德萨夫和 G. 萨拉瑞在《公共知识》一文中曾经说："公共知识对于多主体的复杂认知是非常有用的工具，它能给我们的社会生活带来保障。"[①] 在实际的生活和交流中，群体内互动活动失败的根本原因往往是能够使互动成功进行的公共知识没有被群体内全部成员获得。

鉴于绝对公共知识无法获得的特点，逻辑学家开始专注于研究弱化公共知识的方式，包括对"知识"进行弱化和对"公共"的性质进行弱化。2006 年，B. 劳拉（B. Laura）等人提出了对"公共"的性质进行弱化来产生一种弱公共知识，这种弱公共知识并不是被每一个主体都知道的公共知识，而是被群体中大多数主体所知的知识。

弱化后的公共知识可以由强概率的公共信念形式化表示。但是用概率弱化后的公共知识，作为一种集体状态的描述或者作为一种现象，会表现

---

① P. Vanderschraaf, G. Sillari, "Common Knowledge," *Stanford Encyclopedia of Philosophy*, 2001, p. 6.

出相对的脆弱性。2017 年，C. 帕特诺特（C. Paternotte）就认为单个主体事实和群体事实不具有类比性，公共信念只是一种脆弱的群体认知态度。

P. 范德萨夫认为公共知识是多主体认知的工具。2022 年 A. 哈兹利特（A. Hazlett）就公共知识的价值进行了进一步的探讨。他认为"公共知识比普遍知识更受欢迎是因为公共知识往往享有普遍知识所缺乏的工具性价值"这一结论值得怀疑和思考。①

协同行动的达成，需要事先假定公共知识是成立的。这一假定还体现在赛马博弈中，或者是期望效用理论中对于结果论的解释。2022 年，F. 宋（F. Song）认为这一假设是不可信的，因为在投票等情形下主体不可能理性地获得公共知识。这里包含了对主体非理性的思考。

主体在逻辑上并不是无所不知的，他们可能会在某一时间某一情境下不相信自己信念的逻辑推理结果。2022 年，S. 福田康夫（S. Fukuda）认为可以将群体的公共信念形式化，即假设一个事件，每个所涉主体都相信它的逻辑后承；主体对这一个事件的公共信念包含了这一假设；而且当主体的公共信念被确证是真实存在时，公共信念就会成为公共知识。

综上所述，从 20 世纪 60 年代开始，逻辑学家对公共知识的相关研究逐步深入。起初，对公共知识的提及是为了更好地说明其他学科的一些概念，并且是用自然语言来定义，没有进行形式化的表述。后来，逻辑学家为了解决公共知识层级无限性特征带来的难以形式化问题，利用固定点解释来对公共知识进行形式化定义，并建立了公共知识逻辑公理化系统。再后来，因为固定点解释只是为了解决公共知识形式化问题而提出的理论性解释，在现实中没有意义，所以逻辑学家发展了情境解释，但是情境解释没有很好地表达出主体的偏好等方面的非理性因素。而后，公共知识的强假定性——所有主体都是完美理性的导致在现实中人们无法获得绝对意义上的公共知识，逻辑学家开始研究利用情境、公共信念等多种方式来弱化公共知识，提出了相对公共知识（或者说是近似公共知识）。相对公共知识是一个概念群，包含弱化后的多种公共知识，如公共信念、公共 p-信念、公共 p-弱信念等，它们发挥了在绝对意义上的公共知识无法获得的情

---

① A. Hazlett, "The Value of Common Knowledge," *Synthese*, 2022, 200 (1).

况下达成相对协同行为的重要作用，是认知主体相对可信的弱公共知识。它们之间的区别在于"公共"和"知识"的程度逐步降低。而且从主体认知的角度看，公共信念作为群体的认知态度，可能会随着群体规模的扩大而消失，也可能会随着认知语境的变化而消失，还可能因为相对公共知识概念的脆弱性而崩溃。公共信念是作为主体认知的态度来看待的。

从 20 世纪 80 年代开始，由 R. 范根、J. Y. 哈尔彭、Y. O. 莫斯和 M. 瓦迪开始多主体认知逻辑系统的建构工作。FHMV 留下的关于多主体知识文献是最多的，特别是《关于知识的推理》一书已经详细描述了多主体知识的种类，建立了包括固定点公理和归纳规则在内的多主体知识公理系统，并利用克里普克结构证明了这个公理系统的可靠性和完全性。但是 FHMV 对于更一般语义中公理化公共信念和公共知识的问题没有做过详细阐述。L. 李斯蒙特和 P. 摩根则是这方面的专家，把公共信念引入公共知识问题的思考中。而且公共知识逻辑系统的建立，使得公共知识在跨学科研究中能够更好地提供行动的现实依据，比如在博弈中，它能够替代约定，影响博弈均衡。所以公共知识在博弈论、经济决策、计算机科学等领域中的作用也越来越被重视和得到彰显。公共知识逻辑系统是跨学科产物，自身系统发展的同时，还要适应相关学科的发展要求。

目前，大多数逻辑学家围绕公共知识的弱化和公共知识的跨学科发展两个方面进行研究，尤其是弱化的方法。相对公共知识在现实中的应用是未来一段时间的研究重点。

（二）国内研究现状

国内关于认知逻辑研究的著作比较多，但是专门研究公共知识问题的著作和文章还是相对比较少的，大多是在论述认知逻辑、博弈论、经济决策的时候提及公共知识的定义、公理及相关应用。

目前国内有据可循的最早关于公共知识的论述是周昌乐提出的。2001年，他在《认知逻辑导论》中提及了公共知识的定义，他在书中表达了和 J. 麦卡锡相同的观点：公共知识是傻瓜都知道的知识，公共知识表达的信息量为 0，人们没有必要提及公共知识。[①]

---

① 周昌乐编著《认知逻辑导论》，清华大学出版社，2001。

公共知识与多主体知识状态转变的关系是潘天群在 2003 年《社会决策的逻辑结构研究》一书中描述的，他给出了公共知识和公共知识逻辑的定义，以及从非公共知识到公共知识这样的知识状态的转变方式。并且他认为在决策中，每一个行动者必须考虑其他人有同样的使自身利益最大化的想法，而每一个行动者也要考虑其他行动者知道自己在考虑其他行动者有这个同样的想法……这是一个无穷的过程。"每个人都是理性的"这一强假定，是行动者之间的"公共知识"。[①] 另外，他相继出版的《博弈生存——社会现象的博弈论解读》《博弈思维——逻辑使你决策制胜》《行动科学方法论导论》等书中都有关于公共知识概念的内容。

以知识为基础的推理是哲学、数学、计算机科学、经济学、法学等各种学科研究的重要内容，比如认知逻辑就是研究知识与行为之间的关系的有效工具。2003 年，唐晓嘉就试图在《认知的逻辑分析》一书中建立与人的认知行为相符合的主体推理模式。并且，唐晓嘉还分析了团体知识与公共知识、公共信仰与公共知识之间的性质区别。

公共知识是多主体知识种类中的最强状态。弓肇祥在 2004 年《认知逻辑新发展》一书中描述了多主体知识的种类，详细表述了公共知识的定义。他认为："如果每一个命题（或一种知识）是真的，并且一个群体中每个个体知道它，每个个体知道每个个体知道它，等等，那么它就是该群体的共同知识。"[②] 这里的"共同知识"就是"公共知识"。

陈嘉明总结了传统知识论者对知识的各种描述方式。2005 年，陈嘉明在《当代美国哲学概论：实在、心灵与信念》一书中探讨了知识论，分析了知识的三元定义，总结了目前知识论的研究必须与当代科学紧密结合，以及相对技术化的趋势。[③]

国内第一次对多主体知识逻辑理论的描述是由唐晓嘉和郭美云做出的。2010 年，唐晓嘉、郭美云在《现代认知逻辑的理论与应用》一书中对普遍知识、分布知识、公共知识都进行了详细的形式化描述，并介绍了 B.

---

① 潘天群：《社会决策的逻辑结构研究》，中国社会科学出版社，2003。
② 弓肇祥：《认知逻辑新发展》，北京大学出版社，2004，第 12 页。
③ 陈嘉明主编《当代美国哲学概论：实在、心灵与信念》，人民出版社，2005，第 240 页。

库艾和 J. 本瑟姆提出的包含相对化公共知识和群体隐含知识的公共知识公理化系统 $S5_m^B$（C，D，E），还进行了系统的完全性证明。[1] 同时她们还介绍信念修正的动态逻辑。这在多主体认知逻辑的研究上迈出了一大步。

主体在做出决策的过程中必须更多考虑主体感觉经验、习惯偏好等非理性因素的作用。2010 年，刘奋荣在《动态偏好逻辑》一书中对认知逻辑、动态逻辑、动态认知逻辑、公开宣告逻辑系统进行了详细的梳理，尤其是在关于动态认知逻辑的方法论中说明了如何通过丰富静态语言以得到规约公理的方法来考虑公共知识等知识在内的认知更新。[2]

对于单主体或多主体作为选择主体而言，基于偏好选择情结建构的选择函数是有解的，也就是说如果以偏好选择情结为出发点，选择主体是能够做出选择的。2011 年，王志远等在《偏好选择情结及其证明》一文中指出，如果出现选择困境，最好的解决办法是在偏好之外附加选择规则的推理。偏好也是影响公共知识获得的主体非理性因素之一。[3]

公共知识被认为是傻瓜都知道的知识，那么公共知识有没有必要被表达出来呢？2013 年，潘天群在《逻辑、博弈与哲学践行》一书中说公共知识表达的信息量为 0，公共知识未能提升群体知识水平，所以没有表达的必要。[4] 这与周昌乐和 J. 麦卡锡的观点相同。但是公共知识作为多主体知识层级中最强的知识状态，与群体达成的协同行动息息相关，怎么可能没有表达的必要！潘天群等人的观点应该是基于同一个背景情境下说公共知识没有表达的必要，在这一情境下，所有的主体都知道所有的公共知识，因而没有表达出来的必要。这与公共知识在社会生活中发挥的作用完全是两回事。

包含相对公共知识的动态认知概率逻辑系统是任晓明等在 2014 年的《决策、博弈与认知——归纳逻辑的理论与应用》一书中提出的。他们刻画了动态认知概率逻辑，并且详细描述了在此基础上增加公共知识后 $S5_m^B$

---

①　唐晓嘉、郭美云主编《现代认知逻辑的理论与应用》，科学出版社，2010，第 50~70 页。
②　刘奋荣：《动态偏好逻辑》，科学出版社，2010，第 16~33 页。
③　王志远等：《偏好选择情结及其证明》，《广西民族师范学院学报》2011 年第 1 期。
④　潘天群：《逻辑、博弈与哲学践行》，中国社会科学出版社，2013，第 140 页。

(C，D，E）系统的有效性。[1]

在人们相互交流使用的语言中会包含大量的背景文化信息。2016年，周章买在《语用博弈中文化背景的影响》一文中认为，当隐含背景文化信息的话语进入交际过程中时，文化背景在语用博弈中会影响交际者的语用策略，进而影响主体对意义的理解。群体的背景文化信息可以被认为是被特定群体广泛认可的相对公共知识。[2]

国内第一次对公共知识进行专业性的研究是周章买在2012年《公共知识的逻辑分析》一书中做出的，他详细地分析和研究了公共知识逻辑系统，并提出公共文化背景可以作为弱公共知识服务于主体认知和相对协同行动的需要。[3]

目前，国内的专家对公共知识的研究大多是在研究认知逻辑或相关学科时有所涉及，并且所涉及的内容也大多是国外学者研究过的内容。但是他们对当前国际最新研究成果的总结是珍贵的知识宝库。当然也有对公共知识趋向提出的问题及方法的研究，像周章买对公共知识形成的难题、弱化公共知识与协调博弈的研究值得借鉴。

三　研究思路与方法

从国内外研究现状可以看出，国内外专家基本上都是从公共知识的定义、来源、运用这三个方向入手来研究公共知识的，如J. 巴威斯对公共知识的三种解释方法的研究。本书对公共知识的研究主要围绕六个方面展开。

（1）对公共知识本身的认知。

（2）建立公共知识逻辑公理系统。

（3）多主体与多主体知识。

（4）多主体、多主体知识与多主体行为。

（5）相对公共知识的获得。

---

[1] 任晓明等：《决策、博弈与认知——归纳逻辑的理论与应用》，北京师范大学出版社，2014，第98~130页。

[2] 周章买：《语用博弈中文化背景的影响》，《湖南科技大学学报》2016年第2期。

[3] 周章买：《公共知识的逻辑分析》，中国社会科学出版社，2012，第157~173页。

（6）相对公共知识的应用。

这六个方面也大致遵循先前的定义、来源、运用三个方向，但是各有不同的侧重和研究拓展，主要体现在以下几个方面。

首先是对公共知识定义的研究拓展。

公共知识的定义经历了从非形式化到形式化的转变。从休谟对"约定"的定义表明公共知识萌芽，到 D. 刘易斯的非形式化定义，再到奥曼博弈论中的公共知识，而后到 M. 吉尔伯特（M. Gilbert）完美理性主体下的公共知识，公共知识的定义从自然语言逐步逻辑形式化，更加精确、严谨，而且加入了非理性因子，更加有利于学者的研究。

其次是对公共知识来源的研究拓展。

公共知识来源于哪里？J. 巴威斯认为公共知识产生的源泉是共享情境。在共享情境中，群体内成员通过公开宣告等互知的沟通方式知道命题 φ，从而使命题 φ 成为群体的公共知识。

J. 麦卡锡认为公共知识是"任何傻子都知道"[①] 的知识，其不用被讲述出来就可以被群体知道。公共知识的信息量是 0，它不会增加整个群体的知识量，也就是说公共知识本来就存在于群体之内，不必被各个主体说出来就可以为群体所知道，所以，群体认知是公共知识获得的来源。

共享情境和群体互知对公共知识来源的理解，都存在一定的主体偏好等非理性因素。如何获得公共知识，涉及沟通时间的同时性、沟通渠道是否完美有效以及主体理性认知能力等多个方面的因素，不能只认为公共知识来源于群体的互知或文化背景知识。

再次是对公共知识与多主体、多主体行为之间关系的研究拓展。

多主体通过相互沟通交流、推理等方式来获得新的知识，多主体知识有多种种类。根据多主体知识的强度，也就是此知识为群体内所知的主体数量多少来界定，可以划分为普遍知识、分布知识、部分主体知识、交互知识和公共知识。这些多主体知识的强度从低到高，体现出完美的层级爬升状态。公共知识是处于最顶层的多主体知识，是最强的知识状态。多主

① J. McCarthy, M. Sato, T. Haryashi and S. Igarishi, *On the Model Theory of Knowledge*, Virginia: Stanford University, 1978.

体行为依赖于每一层级多主体知识的获得。群体的协同行动的达成也依赖于公共知识的获得。

最后是对公共知识应用的研究拓展。

公共知识涉及的领域越来越多，比如哲学、心理学、经济学、人工智能等领域。经济学领域尤其以博弈论最为突出。

J. 麦卡锡把公共知识应用于人工智能领域，认为公共知识能够运用于人工智能开发是因为公共知识是"任何傻子都知道"的知识，这个"傻子"包括人工智能。R. J. 奥曼把公共知识引入博弈论中，认为博弈成败的关键是博弈成员对公共知识的掌握程度。J. Y. 哈尔彭和 Y. O. 莫斯把公共知识运用于计算机分布式系统，认为在所有的知识状态中，公共知识状态是最强的，最强的知识能在分布式系统的推理中发挥关键的作用。

公共知识之所以能够应用到越来越广泛的领域，除了其本身知识状态的强大外，还有一个很重要的原因，就是公共知识能实现逻辑形式化和公理化。公共知识理论引入了逻辑形式语言，形成了公理系统和推导规则，完成了对其可靠性和完全性的证明，这些都是众多学科领域可以引入公共知识的原因。公共知识的形式语言句子是有穷的有限序列，可以在有限步骤之内，根据系统中的公理或推导规则，用一个有效判定程序来判定一个命题的真假。经济学家和博弈论专家可以利用这些公理或推导规则找出一般经济活动和博弈推理背后的隐藏假定，并进行严格的分析得出可靠结论。虽然公共知识层级的无限性是众所周知的，但是因为有形式语言有穷性的存在和各种公理系统及推导规则的引导，可以在逻辑操作上避免层级的无限性，从而使公共知识在这些学科领域内得到长足的发展。

对公共知识应用的研究，可以从不同角度进行拓展。比如，对公共知识和公共信念之间异同的研究。D. 刘易斯对公共知识的定义是非形式化的，而且带有公共信念的意味。D. 刘易斯自己也认为："那个公共知识的定义是不合适的，因为不能保证它是知识，也不能保证它为真。"[1] 这也恰恰印证了"$C_a \rightarrow a$"在公共知识公理系统中是普遍有效的，而在公共信念公理系统中却不是普遍有效的。也就是说，在现实推理中，主体应用于推

---

① D. Lewis, "Thuth in Fiction," *American Philosophical Quarterly*, 1978, 15 (1).

理的信息可能不要求必须是真的知识，只要主体相信它成立即可，这是一种信念推理的观点，比知识推理的观点在现实中更加实用。L. 李斯蒙特和 P. 摩根是公共信念逻辑系统的开拓者，1994 年两位逻辑学家发表了《公共信念和公共知识的逻辑研究》一文，1996 年又发表了《信念封闭：公共知识的模态逻辑语义》一文，在公共知识特征的基础上建立了公共信念公理系统，同时利用公共信念封闭语义证明了公共知识公理的可靠性。

再如，关于公共知识逻辑的研究得益于多主体认知逻辑的发展。逻辑学的研究经历了从形式逻辑到模态逻辑、认知逻辑、动态逻辑、动态认知逻辑、多主体认知动态逻辑的发展。公共知识逻辑是认知逻辑的一个扩充分支，认知逻辑的研究方法必然影响着公共知识逻辑的研究方法。

公共知识的逻辑形式化和公理化是相关学科发展的必然要求，也是公共知识算子以及公共信念算子层级无限性必然要解决的技术难题。P. 米尔格罗姆在《公共知识的公理化特征》一文中，对公共知识进行了公理化刻画，详细说明了公共知识和普遍知识之间的关系。M. 巴卡拉克在《对知识的公理化模式扩展》一文中，为了避免公共知识层级的无限性，使用认知模型来详细阐述具有可靠性和完全性的公共知识逻辑系统。

FHMV 在研究多主体认知逻辑的时候，非常重视对公共知识的理解。在讨论多主体知识的时候，J. Y. 哈尔彭和 Y. O. 莫斯引入了 E_G 算子和 C_G 算子，以及 D_G 算子。$E_G\varphi$ 表示"群体 G 中每个主体都知道命题 φ"，$C_G\varphi$ 表示"命题 φ 是群体 G 的公共知识"，D_G 表示"命题 φ 是群体 G 的分布知识"。他们通过把 n-信念算子 B_a（$a \in G$）引进句法，把 n-kripke 关系引进语义，证明已知定理的完全性和可靠性，通过一个合适的句法算子 C_G 对公共信念或公共知识进行公理化。他们认为标准逻辑施加给句子长度和公理模式的数量有有限性约束，这样通过高阶信念句子的一个无限合取式定义的 C_G 就不能被直接表达在形式语言中。这个技术上和概念上的问题最后通过固定点公理和归纳规则的引入被形式上解决了。FHMV 证明了包含固定点公理和归纳规则的公理系统相对于克里普克结构具有可靠性和完全性。FHMV 还共同出版了《关于知识的推理》一书，提出了关于研究知识推理的途径，并讨论了知识在分布式系统、人工智能和博弈论领域的广泛应用。他们的观点对于分析公共知识逻辑系统是非常有意义的。

再如，在现实生活中，相对公共知识可以代替绝对意义上的公共知识。公共知识的层级无限性，以及主体的非完美理性使得绝对意义上的公共知识在现实中往往无法获得。逻辑学家使用了弱化后的公共知识来代替绝对意义上的公共知识，以便相对协同行为的达成。弱化后的公共知识被称为相对公共知识。S. 莫瑞斯等学者发展了近似公共知识和公共信念等相关概念的解释，这些解释在假定上的要求比公共知识的标准解释相对要弱，但是这些解释在绝对的公共知识看来不可能的情况下担当了更为可信的关于认知主体知道什么的模型。

长久以来，由公共知识的强假定导致的实践上的难题引起了人们的兴趣，为了解决现实应用中的问题，许多方案都在围绕公共知识的弱化方面展开。于是，发展出了相对公共知识的解释，这些解释包括弱公共知识、公共信念、公共弱信念等，这些概念在假定上的要求弱于绝对意义上的公共知识，而且这些概念之间也有强弱之分，它们代替公共知识成为人们达成相对协同行为的必要条件。

当然这些侧重拓展只是公共知识问题研究的一方面，还有关于公共知识悖论、公共知识认知途径等一些方面的研究。

（一）研究思路

公共知识顾名思义就是具有公共性的群体知识。那么，知识是如何从个人的知识状态上升到公众共享的状态？这是一个值得仔细思考的问题。在公共知识获得的过程中，它始终是一个依赖"共享情境"的过程。"共享情境"可以是一个特定群体的认知背景，在这种背景中包含有不同类型的多主体知识，公共知识只是多主体知识种类中的一种。公共知识作为多主体知识种类中最强的知识状态，也是群体协同行为达成的必要条件。

鉴于公共知识层级无限性的特征，绝对意义上的公共知识是不可能获得的，但是现实生活中主体却可以获得公共知识为协同行为提供理论依据，这样产生的公共知识悖论，是亟须解决的问题。

本书在绝对意义上的公共知识难以获得原因上参照"泥孩难题"共享情境做了详细解释，对协同攻击难题也做了分析，提出了公共知识弱化的一些方法，并将相对公共知识带入实践中去思考。

本书还考察了公共知识的弱化维度，以及弱化公共知识与协调博弈之间的关系。本书通过对协调博弈的考察说明协调博弈在弱化公共知识共享情境研究中的作用。从认识论角度来说，人类知识的最终获取来自对经验的"相信"。在此信念的基础上，相对公共知识的运用更贴近现实。本书提供的例子，只针对特定群体的共享情境，其中文化背景、位置偏好、激励偏好等，都是此情境中重要的组成因素。研究共享情境下，主体协同执行能力的提高，以及主体认知状态的变化，是实现弱化公共知识现实运用价值的良好途径。

研究公共知识相关问题不仅可以使我们了解相对公共知识的现实运用，而且对公共知识更好地服务于博弈论、决策论、计算机科学等学科起到一定的促进作用。

（二）研究方法

本书运用可能世界语义学以及认知逻辑的方法，建立包含公共知识的公理系统和推导规则的公共知识逻辑公理系统，重在对公共知识定义、公共知识难题的精细化分析、公共知识在多主体知识层级结构中的逻辑表征以及公共知识与协同行动关系的逻辑分析。

建立公共知识逻辑公理系统的方法论从大框架来说分为三部分：第一部分是一整套静态逻辑语言，第二部分是与其相匹配的认知模型，第三部分是一组刻画动态事件影响的规约公理集。整个逻辑框架用一个静态的逻辑语言和与其相匹配的认知模型来表达群体的信息状态。

群体的信息状态包含引发行为改变的相关事件信息，以及这些事件信息对主体认知所产生的影响。这些信息状态要在动态扩张的语言中被明确地表述出来。引发行为改变的相关事件的信息可以是主体间的公开宣告等，事件信息对主体认知产生的影响可以是群体获得的公共知识等。

规约是通过对初始问题的抽象和建模，进而生成一个等价的问题，然后通过解决这个新问题来达到解决初始问题的目的的一种问题解决方式。规约公理是主体间已经就问题解决方式达成共识，需要共同遵守的规定。规约公理可以被理解为连接静态语言和动态语言的桥梁。建立公共知识逻辑公理系统最重要的部分，也是动态扩张语言最核心的部分，就是找到刻画动态事件影响的规约公理集。只要找到规约公理集，规约公理就会作用于动态扩张语言，这样每一个动态语言中的公式都可以等值于相应的一个静态公式。在动态逻辑中往往可以体现静态逻辑中的性质。在此基础上，可以说如果静态的基本逻辑是可判断的，那么动态扩张也是可判定的。

如何找到规约公理呢？公共算子 $C_G\varphi$ 本身是没有规约公理的，为了找到规约公理，可以采用扩展基本的静态语言的方法，扩展的方式是引入一个新的概念——条件公共知识来扩展基本的认知语言，成为 C_G（P，φ）。加入条件公共知识后的认知语言更加丰富，C_G（P，φ）也会成为规约公理作用于后面的动态扩展逻辑推理。

举例来说，如果在公开宣告逻辑语言（PAL）中增加一个公共知识算子"$C_G\varphi$"，就能得到 ［！P］$C_G\varphi$。如果要了解 ［！P］$C_G\varphi$ 带来的群体认知信息状态的更新，就需要找到 ［！P］$C_G\varphi$ 的规约公理，但是它本身的规约公理是不存在的，那么加入带有条件公共知识的规约公理后，PAL 就可以得到 ［！P］$C_G\varphi \leftrightarrow C_G$（P，［！P］$\varphi$），也就是说在公开宣告了事实 P 之后就会得到公共知识 φ。

整个逻辑架构的设计都是模块化的，因此公共知识逻辑公理系统的建立都是从头开始，独立于静态模型及其语言的。

四　研究难点

本书之所以选择对公共知识问题进行研究，是因为近十年来，已经有大批企业研发了"协同管理软件"协助企业的日常运行。这个软件有效地降低了企业运营的成本，提高了业务运作的效率。协同管理软件中的设计流程完全符合信息传输、推理分析、信息获得、协同行动的达成等一系列多主体的认知过程。但是认知的过程中不可避免地会出现主体的非同时性、主体的偏好等问题，造成主体获得信息的偏差，给企业正确地决策造成障碍。这也是逻辑学研究向主体认知转变的一个现实案例。

公共知识对人类认知规律的研究是非常有意义的，但是如何定义公共知识的来源——"共享情境"是一大难点。而且相对公共知识可以被理解为大多数主体都知道的知识，"大多数"到底如何界定也是值得深思的。再者，如果在公共知识认知中加入概率，主体 a 以某一概率相信主体 b 以某一概率相信事件 p，到底"多大的概率"是主体维持相信或怀疑的分界线呢？这也是需要通过逻辑演算和研究主体认知、主体偏好等才能加以分析的。而且，弱化后的公共知识强度也是有层级划分的，那么强一点和弱一点对多主体认知有什么影响，是否有助于相对协同行动的完成也是非常值得研究的难点。

第一章　公共知识及其特征

中西方关于知识问题的探讨已经有非常悠久的历史。古希腊的哲学家曾经对"我们知道什么""什么是可以被认知的""一个人知道什么意味着什么"等问题进行深刻的思考。同样，中国古代哲学家也早已在思考人的认知问题，比如我们很熟悉的哲理故事——庄周梦蝶，说的是"不知周之梦为胡蝶与，胡蝶之梦为周与"，谈论人是否能够正确地认识真实和虚幻的问题。

20世纪50年代至60年代，哲学家们开始试图对知识推理做形式化分析，最有影响力的著作是J. 辛迪卡所著《知识和信念：这两个概念的逻辑导论》，这是第一部系统研究知识和信念问题的专著。J. 辛迪卡的主要关注点在于用模态逻辑形式化的方法研究知识和信念的本质属性。当时，哲学家们对适用于知识具体公理的选择有争论，对知识的概念有不同理解。

近年来，不同学科领域（包括经济学、语言学、哲学和计算机科学等）的学者们再度对知识和信念的研究产生了浓厚的兴趣。但是与20世纪50年代、60年代仅仅研究认知逻辑系统不同，他们对知识和信念的研究发生了很大的变化。他们更多关注的是知识、信念和行为之间的关系，而且往往在实际应用的背景之下思考问题。譬如说，一个机器人为了完成一项任务需要知道什么，它知道不知道自己知道某件事情，拥有多少知识储存量它才会做某件事情，它在面对一个什么问题时会回答"我不知道"，或者是一个经济学意义上的主体如何根据已有的信息做出投资或撤资的决定，他知不知道其他相关主体的信息，等等。

这样的关注体现在两个突出的转向上。

第一个转向：从只关注单主体知识的研究转向关注多主体（multi-agent）知识的研究。在传统形式逻辑的研究中，当逻辑学家分析知识属性的时候，往往倾向于思考单个主体认知的情形。但是，毕竟人类是群居的生物，必然要进行主体间的互动交流，而且人工智能学科也要研究不同终端之间的协作。这样的研究不同于以往形式逻辑单个主体的研究，重在研究多主体之间如何进行知识的沟通和交流、多主体知识的种类有哪些、这些知识对多主体行为有何意义等方面。

第二个转向：知识和信念的思考往往与主体行为联系在一起，也就是说，从关注静态的知识转向了研究动态的认知过程，从关心"是什么"的问题转向了"如何是"的问题。研究者们开始考虑传输信息的过程，考虑什么样的言语行为可以引起知识和信念发生变化，行为的变化和知识的变化紧密地联系在了一起。

这就是 20 世纪 80 年代著名的动态转向（dynamic turn）。知识和信念在我们的日常生活中扮演着非常重要的角色。事实上，我们每个人的行为都基于自己的知识和信念。行为与知识和信念之间有着密切的联系。

公共知识是多主体知识种类中的一种，也作为其中最强的知识状态存在，而且公共知识的获得是群体达成协同行为的必要条件。公共知识逻辑正是契合这两个著名的逻辑动态转向而生的，是多学科交叉发展下的产物之一。我们可以对公共知识进行形式化描述，搭建相应的认知模型，制定相应的公理系统并证明，以加强对公共知识逻辑的认知。

第一节 公共知识的定义

正如一条条单独的河流不等于"海洋"，"甲知道、乙知道、丙知道"单个个体的知道也不等于"大家都知道"，而"大家都知道，大家都知道大家都知道的知识"才是公共知识。今天，公共知识已经成为逻辑学、博弈论、人工智能等学科领域频繁使用的一个概念，只是不同的学科有不同的侧重点。值得注意的是，在本书里提出的公共知识定义，基本都是建立在逻辑理性主体强假定基础之上的，即对于每一事件状态 w，群体中的每一个主体都具有相同的理性、归纳标准和背景知识。

在认知逻辑中，当拥有不同知识的主体间相互传递信息时，每个主体将自己接收到的信息整合到自己的普遍知识中，每个主体也考虑到其他主体对这些信息的了解，每个主体还考虑到自己关于其他主体对这个信息的认知，每个主体因为交互知识的不断变化而积累起更多的知识，当这种交互知识的迭代推理被应用有限次并导致每个主体都同时拥有相同的知识时，这种知识就是群体的公共知识。

围绕归纳规则（简称为"RI"，a rule of induction）定义某个命题是公共知识，简单来说，就是"我们知道"该命题。具体地说，就是命题 p 是某个群体的公共知识，当且仅当群体中的每个人知道 p，每个人知道每个人知道 p，每个人知道每个人知道每个人知道 p，以此类推（"Nontechnically, a proposition is common knowledge if it is true, if every individual knows it, if every individual knows that every individual knows it, and so on ad infinitum."① ）。

围绕固定点（简称为"FP"，a fixed-point）定义这个命题是公共知识，意味着每个人的知识中都包含的这个命题是公共知识，每个人都知道每个人的知识中都包含的这个命题是公共知识，以此类推（"Common knowledge of a proposition is essentially equivalent to everybody's knowledge of the common knowledge of that proposition, everybody's knowledge of everybody's knowledge of the common knowledge of that proposition, and so forth."② ）。

我们可以从不同的角度来对公共知识进行定义，以便深入认识公共知识的内涵。我们可以从双主体的角度来看，也可以从可能世界语义学角度来看，还可以从集合论角度来看，更可以从主体的认知能力角度来看公共知识的定义。具体分析如下。

公共知识定义 1 双主体之间的公共知识表述。给定主体 p 和主体 q，如果：

①p 知道 φ；

q 知道 φ。

②p 知道 q 知道 φ；

---

① L. Lismont and P. Mongin, "Belief Closure: A Semantic of Common Knowledge for Modal Propositional Logic," *Mathematical Social Sciences*, 1996, 31 (1).

② L. Lismont and P. Mongin, "Belief Closure: A Semantic of Common Knowledge for Modal Propositional Logic," *Mathematical Social Sciences*, 1996, 31 (1).

q 知道 p 知道 φ。

③p 知道 q 知道 p 知道 φ；

q 知道 p 知道 q 知道 φ。

……

那么，命题 φ 就是主体 p 和主体 q 的公共知识。

这是双主体之间关于公共知识的非形式化定义。

公共知识定义 2　给定一个主体集 N，命题集 Φ；任意主体 i 和 j，i 和 j∈N；任意命题 φ 和 ψ，φ，ψ∈Φ。如果：

①$K_i φ → K_i ψ$（主体 i 知道命题 φ 推出主体 i 知道命题 ψ）；

②$K_i φ → K_i K_j φ$（主体 i 知道命题 φ 推出主体 i 知道群体内其他成员知道命题 φ）；

③$K_i φ → K_i K_j ψ$（由①②得出主体 i 知道群体内其他成员知道命题 ψ）。

那么，命题 ψ 成为主体集 N 的公共知识。

这是由主体知道一个命题推及主体知道另一个命题，而使另一个命题成为群体公共知识的定义。

公共知识定义 3　定义 2 也可以用可能世界语义学进行如下的形式化表述：

①$w ∈ K_i φ$（在可能世界 w 上，主体 i 知道命题 φ）；

②$K_i φ → K_i (∩_j K_j (φ))$（主体 i 知道群体 N 内每个成员都知道命题 φ）；

③$K_i φ → K_i ψ$（主体 i 知道命题 φ 推出主体 i 知道命题 ψ）；

④$K_i ψ → K_i K_j ψ$（由②③得出主体 i 知道群体内其他成员知道命题 ψ）。

所以，在可能世界 w 上，命题 ψ 是主体集 N 的公共知识。

公共知识定义 4　先给出私人信息集合的定义，再给出公共知识层级解释及其集合论定义。

命题 4.1　私人信息集合的定义。给定一个主体集 N，主体 i∈N，可能世界集 W，现实世界 w，w∈W，命题集 Φ，任意命题 φ∈Φ，那么主体 i 在可能世界集 W 中的关于命题 ψ 的所有认知集合，是主体 i 可通达的所有可能世界中对命题 ψ 认知的最小集合。

主体 i 在 w∈W 上对命题集 Φ 认知的可能世界集合 $ξ_i (w)$ 形式化表

述为：

$$\xi_i(w) \equiv \cup\{\Phi \mid w \in K_i\Phi\} \tag{1.1}$$

$\cup_{w \in W}\xi_i(w)$ 是主体 i 在可能世界 w 中关于命题集 Φ 的信息集合。

$\xi_i(w)$ 是主体 i 在可能世界 w 中知道的命题 Φ 的交集，代表了在可能世界 w 中 i 当前知道的关于命题 Φ 的所有信息，也可以说 $\xi_i(w)$ 是主体 i 在可能世界 w 上关于命题集 Φ 的私人信息集合。

如果主体 i 在可能世界 w 中知道命题 φ，那么命题 φ 包含在主体 i 关于 Φ 的 $\xi_i(w)$ 私人信息集合中：$K_i\varphi \to \{\varphi \mid \varphi \in \xi_i(w)\}$。

命题 4.2 私人信息集合划分。给定一个主体集 N 和可能世界集 W，那么：

①对于主体集 N，$i \in N$，命题 φ（第 1 阶）是普遍知识，那么：

$$K_N^1(\varphi) \equiv \cap_{i \in N}K_i(\varphi) \tag{1.2}$$

②对于主体集 N，$i \in N$，命题 φ（第 n 阶）是交互知识，那么：

$$K_N^n(\varphi) \equiv \cap_{i \in N}K_i(K_N^{n-1}(\varphi)) \tag{1.3}$$

③对于主体集 N，$i \in N$，命题 φ 是公共知识，那么：

$$K_N^*(\varphi) \equiv \cap_{n=i}^{\infty}K_N^n(\varphi) \tag{1.4}$$

其中：

$w \in K_i(\varphi)$ 表示对于主体集 N 来说，命题 φ 是每个主体在可能世界 w 上的普遍知识。

$w \in K_N^n(\varphi)$ 表示对于主体集 N 来说，命题 φ 是其在可能世界 w 上第 n 阶的交互知识。

$w \in K_N^*(\varphi)$ 表示对于主体集 N 来说，命题 φ 是其在可能世界 w 上的公共知识。

主体私人信息集合 $\xi_i(w)$ 包含了第 1 阶的普遍知识、第 n 阶的交互知识和公共知识，私人信息集合可以算是主体在可能世界中的所有背景知识。

这里出现的交互知识是由公共知识的层级的无限性带来的。交互知识是公共知识层级的逻辑后承链条。在推理过程中，主体需要完成这样一个无限的交互知识层级的心智推理过程才能获得公共知识，显然主体是无法进行这样严密的不间断的推理的过程的，所以在现实交流中，交互知识每一阶出现不是主体通过一系列实际推理步骤得到的结果，而是作为公共知识层级的逻辑后承出现的，主体只需要据此得出结论，无须在实际中逐一推算。

命题 4.3　如果命题 φ 是公共知识，那么命题 φ 所蕴含命题都是公共知识。

如果 $w \in K_N^*(\varphi)$，并且 $\psi \subseteq \varphi$，那么 $w \in K_N^*(\psi)$

在公共知识的层级解释中，后一个层级交互知识必然蕴含前一个层级交互知识，即

$$K_N^n(\varphi) \subseteq (K_N^{n+1}(\varphi)\ n \geqslant 1) \tag{1.5}$$

当 $n = 1$ 时，$\varphi \subseteq K_N^1(\varphi)$。表示第 1 个层级的交互知识必然蕴含 "$\varphi$ 为真" 的普遍知识。

当 $n \geqslant 1$ 时，$K_N^n(\varphi) \subseteq (K_N^{n+1}(\varphi))$。表示第 $n+1$ 个层级的交互知识必然蕴含第 n 个层级的交互知识。

$K_N^*(\varphi) \equiv \bigcap_{n=i}^{\infty} K_N^n(\varphi)$ 表示最终的公共知识必然蕴含所有层级的交互知识，这可以被认为是公共知识的集合论定义。

命题 4.4　用层级无限性解释的公共知识，即 "主体 i 知道 j 知道……g 知道命题 φ"。

假设以下条件满足：

①所有主体 i，j，…，g $\in$ N；

②$w \in K_i K_j \cdots K_g(\varphi)$，$w \in W$；

③$w \in K_N^n(\varphi)$；

④$n \geqslant 1$。

如果 $w \in K_N^*(\varphi)$ 成立，那么 φ 是群体 N 的公共知识。

$w \in K_N^*(\varphi)$ 表达了公共知识标准的层级解释。[①] 公共知识蕴含所有层

---

① P. Vanderschraaf, G. Sillari, "Common Knowledge," *Stanford Encyclopedia of Philosophy*, 2001, p. 6.

级的交互知识。

公共知识定义 5 用固定点解释的公共知识。公共知识的固定点解释是为了避免层级解释的无限性而提出的。

命题 5.1 简单的公共知识固定点解释。

$$C_a \rightarrow E(a \wedge C_a) \tag{1.6}$$

这是 G. 哈曼用固定点解释的公共知识定义。[①] 如果群体内存在公共知识，那么群体内成员都能知道此公共知识。其中不可避免地含有公共知识定义的环状特征和允许自我指涉。

在现实中没有人能够知道无限的事情，层级解释的无限性对现实主体的认知能力构成极大挑战。允许自我指涉使得公共知识在有限的表达式中表达出来，这也是固定点解释值得称道的地方。

命题 5.2 复杂的公共知识固定点解释。

给定一个函数 f，A 是 f 的固定点。如果 f（A）= A，那么：

$$
\begin{aligned}
K_N^1(E \cap \cap_{m=1}^{\infty} K_N^m(E)) &= K_N^1(E) \cap K_N^1(\cap_{m=1}^{\infty} K_N^m(E)) \\
&= K_N^1(E) \cap \cap_{m=1}^{\infty} K_N^1(K_N^m(E)) \\
&= K_N^1(E) \cap (\cap_{m=2}^{\infty} K_N^m(E)) \\
&= \cap_{m=i}^{\infty} K_N^m(E))
\end{aligned}
\tag{1.7}
$$

这是 J. 巴威斯的公共知识定义，[②] 结合 G. 哈曼的公共知识固定点解释，把环状特征作为一个固定点。即把 K_N^*（E）作为 f_E（X）= K_N^1（E∩ X）的函数 f（E）的固定点。

命题 5.3 层级解释和固定点解释等价是成立的。

建立一个单调函数 f 的最大固定点 C。如果一个单调函数 f 的最大固定点是 C，并且 B 也是函数 f 的一个固定点，那么 B⊆C。

假设 C_N^* 是 f（φ）的最大固定点，那么 C_N^*（φ）= K_N^*（φ）。命题 φ 是 N 在可能世界 w 上的公共知识，那么 w∈C_N^*（φ）。在这里公共知识的

① G. Harman, "Review of 'Linguistic Behavior' by Jonathan Bennett," *Language*, 1977, (53).

② J. Barwise, *Three Views of Common Knowledge*, California: In Proc. of the 2nd Conference on Theoretical Aspects of Reasoning about Knowledge, 1988, p. 365.

层级解释和固定点解释等价是成立的。

公共知识6　公共知识基于事件方法的定义。

命题6.1　可及关系的应用

①假设 $w \in W$，$w' \in W$，如果可能世界 w' 是从现实世界 w 可及的，那么存在 $w = w_0$，w_1，w_2，$\cdots$，$w_n = w'$；

②假设主体 i，j，$\cdots$，$n \in N$；

③假设 $w' \in k_n (\cdots (k_j (k_i (w))))$；

④$w' \in \cap_{n=i}^{\infty} K_N^i (K_N^n (\varphi))$。

那么，$\cap_{n=i}^{\infty} K_N^i (K_N^n (\varphi)) = K_N^* (W)$，即在可能世界 w 中，$K_N^* (W)$ 是群体 N 的公共知识。

解释：③表示在可能世界 w 上，i 认为 j 认为……n 认为 w' 是可能的。

这是 R. J. 奥曼给出的公共知识定义。[①] R. J. 奥曼认为，一个命题 φ 是公共知识，当且仅当 φ 包含于每个主体私人信息划分的交集中。

命题6.2　获得公共知识对认知主体的要求。

假设：$i \in N$，$w \in W$，$\varphi \in S (\varphi)$［命题 φ 包含于共享情境 $S (\varphi)$ 中］，主体集 N 在共享情境 $S (\varphi)$ 中，那么：

①主体 i 具有正常工作的直觉感官，具有正常的推理能力；

②主体 i 主观上能够执行其他条件；

③主体 i 知道群体 N 内的其他主体；

④主体 i 知道①和②成立；

⑤主体 i 知道命题 φ 成立；

⑥主体 i 知道群体内所有成员都知道命题 φ 成立。

那么，命题 φ 就是主体集 N 的公共知识。

这是 M. 吉尔伯特关于获得公共知识的主体必须具备的认知能力的描述。我们可以看到主体如果要获得公共知识，首先必须有正常的逻辑推理能力。事实上，M. 吉尔伯特认为人类的主体只具有有限的推理能力，但是为了能够更好地推理命题4.2中无限层级的交互知识，M. 吉尔伯特假定每个现实主体 i 都有一个逻辑理性替代者 i'（smooth reasoned counterpart），i'

---

① R. J. Aumann, "Agreeing to Disagree," *The Annals of Statistics*, 1976, 4 (6).

具有无限的逻辑推理能力，能够进行公共知识无限层级的繁复的推理思考。这样，逻辑理性替代者就可以得到如下认知。

①在共享情境 $S(\varphi)$ 中，存在一个替代主体集 N 的主体集 N′；

②逻辑理性替代者 i′ 知道主体 i 知道的所有命题（即 i′ 知道到命题6.2中①—⑥成立）；

③逻辑理性替代者 i′ 知道到 N′ 中的其他主体都是逻辑理性的；

④$K_{N'}^n(\varphi)$（$n \geq 1$）成立。

据此，因为有了逻辑理性替代者 i′，那么在任一层级的交互知识，$K_{N'}^n$ (φ)（$n \geq 1$）都可以被主体 i′ 认知。如果命题 φ 对于群体 N 是外在开放的，那么 φ 就是公共知识。

命题6.3 逻辑理性主体认知下的公共知识。

如果：

①命题 $\psi \in \varphi$，$i \in N$，$w \in K_N^*(\varphi)$；

②在群体 N 中，φ 是外在开放的；

③在群体 N 中，每个主体都知道②成立；

④那么，命题 ψ 是群体 N 的公共知识。

这是 M. 吉尔伯特建立在逻辑理性主体上的公共知识的定义，"外在开放"更多的是关于主体的直觉的解释，她认为属于"外在开放"命题的命题才可以成为群体的公共知识，而且真包含于"外在开放"命题的命题也可以成为群体的公共知识。

公共知识7 共享情境下的公共知识。

在群体 N 中，$i \in N$，存在一个共享情境 S，那么：

①$S \models K_N^1 S$；

②$S \models K_N^2 S$；

$\vdots$

③$S \models K_N^n S$；

④$S \models \varphi$；

⑤$S \models K_N^n \varphi$；

"$\models$"表示这个推理一定正确。由命题公式 A 可以推出命题公式 B 推

理正确，意思是说 A 蕴含 B 是永真式（重言式），满足这个条件就可以用
"⊨"符号。

"S⊨K_N^1S"表示群体 N 中，主体 1 知道 S 是共享情境，主体 1 知道在
共享情境 S 中为真的所有命题。命题 φ 在共享情境 S 中为真。那么，在共
享情境 S 中，命题 φ 是群体 N 的公共知识。

这是 J. 巴威斯关于公共知识的共享情境理论。[①] 共享情境理论在描述
公共知识定义的时候，除了层级的无限性和固定点方法，更注重解释公共
知识产生的来源——共享情境。

公共知识定义 1—5 是基于逻辑的方法，基本上是使用一套逻辑语言来
刻画知识，即在一个初始命题集合上附加模态算子，建立克里普克结构，
运用公式得到符合语法表述的知识形态；公共知识定义 6—7 是基于事件的
方法，事件是可能世界的集合，相关知识作为描述事件的算子，依据逻辑
的规则，建立奥曼结构。克里普克结构和奥曼结构都是一个有序的多元
组，但含有不同的算子。克里普克结构中包含一个可能世界的非空集合、
一个真值指派、二元关系 k（可以看作描述与主体 i 一致的可能关系）。奥
曼结构包含世界的状态集、每个主体对世界状态集的划分。奥曼结构中主
体信息划分的交集就是该主体集的公共知识。

第二节　公共知识的特征

采用自然语言来定义公共知识会陷入循环定义的困境；采用固定点解
释的方法来定义公共知识，仅在元理论中有意义；而用罗列主体认知能力
的方式来定义公共知识，也是不完整的，没有考虑到主体的非理性因素。
这些困境和缺陷，都是因为公共知识有如下特征。

一　公共知识的层级无限性特征

理论上，我们认为这种以交互知识为前提的认知的最终结果就是产生

---

① J. Barwise, *On the Model Theory of Common Knowledge*, Stanford：CSLI Commonations, 1989, pp. 201−220.

公共知识，每一交互层级的推理都是必需的。所以，层级的无限性是公共知识最直观的特征，同时它也给主体认知公共知识带来一定困难。

首先，层级无限性特征造成公共知识定义的冗余繁杂，且消除这种冗余的操作几乎是不可能的，目前只能采取固定点解释或者共享情境解释等方法来从形式上做暂时消除，但这是一种治标不治本的方法。

其次，获得公共知识需要主体的无限认知、全程理性，但是由于现实中主体并不总是保持逻辑理性的主体，而是处于有限理性状态，不可能完成公共知识层级的无限认知推理过程，所以，现实中的主体不能够获得绝对意义上的公共知识。他们能够获得的是相对公共知识，并不是真正完全从交互层级推理中获得公共知识。前面公共知识的定义已经从交互知识和共享情境两方面说明了这一点。

上节中公共知识的定义1—7的提出是建立在主体都是逻辑理性的强假定下的。从严格意义上说，绝对的公共知识是不能被主体推理获得的，群体认知获得的公共知识是相对意义上的公共知识，即相对公共知识。相对公共知识在我们实际生活中担负着一定的作用和意义，比如一个群体的文化背景知识可以作为相对公共知识的一种，是群体协同行动的重要依据。没有相对公共知识作为信息协调，群体将很难获得最大化的利益，社会也将混乱不堪。如何定义相对公共知识、如何形式化相对公共知识、如何获得相对公共知识是我们即将探讨的重要问题。

二　公共知识的固定点特征

在群体 G 中，如果命题 φ 是公共知识，那么每个主体都知道命题 φ 为真，并且每个主体都知道命题 φ 是公共知识。公共知识的固定点特征就是指"每个主体都知道命题 φ 为真且每个主体都知道命题 φ 是公共知识"，这一固定点必须保证为真才能得到公共知识。形式化表达为：

$$C_\varphi \rightarrow E(\varphi \wedge C_\varphi) \tag{1.8}$$

固定点特征表明：如果群体内存在公共知识，那么群体内成员都能知道这个公共知识。在这里，交互知识虽然是层级无限的，公共知识却可以作为一个整体从而避免层级的无限性解释。

固定点解释使得公共知识定义免于层级无限性的形式表述，避免了出现定义循环、定义迭代等问题。但是，固定点解释实际上也暗含了层级的无限性，因为在定义中假设每个主体都知道 φ 是公共知识，那么每个主体就必须验证 φ 是不是公共知识，其验证的过程也是一个层级无限推理的过程。

所以，公共知识的固定点解释因为假设过强仅存在于公共知识理论体系中，只在元理论中起作用，对现实生活意义不大。而且固定点解释带有自我指涉的问题。所以公共知识的固定点解释只能算是公共知识理论的一块垫脚石。

三 公共知识的共享情境特征

如果 φ 是双主体 p 和 q 的公共知识，当且仅当存在一个必要而且充分的共享情境 s，在共享情境 s 中，p 知道 s 为真，且 p 知道在 s 中所有为真的命题；q 知道 s 为真，且 q 知道在 s 中所有为真的命题。在共享情境中，只要主体是逻辑理性主体，是完美推理者，层级解释和固定点解释两种方法基本上是等价的。

J. 巴威斯就认为固定点解释是分析公共知识概念的最好方法，而共享情境解释的意义是分析公共知识产生的源泉。在共享情境中，群体内成员通过公开宣告或者其他互动互知的沟通方式知道命题 φ，φ 从而成为群体的公共知识。

既然公共知识产生的来源是限定的共享情境，那么，主体、公共知识、协同行动、共享情境之间的关系是如下的循环模式：在一个共享情境中，主体通过获得公共知识来达成协同行为，进而产生新的共享情境；在新的共享情境中，主体再通过获得新的公共知识来达成新的协同行为，再产生下一个新的共享情境，以此类推。所以，此一时的公共知识推动下一刻协同行动和共享情境的产生，这是一种持续的动态的多主体认知平衡。但是，对于如何界定"共享情境"，这又是一个人类认知上有争议的概念，所以，共享情境解释并不是完善的。

四 公共知识的互动互知特征

人除了本能生存外，是可以通过后天的学习获得新的知识的。单个个体的认知模式从形式逻辑中可见一斑，亚里士多德的"三段论"尤其阐述了个体认知的基本理论。多主体认知，即群体认知是通过互相交流、互相学习，在互动中增加推理信息来获得新知识。尤其是群体认知推理需要囊括各种主体知识，并且随着社会的发展进步在逐步扩大知识的范围。这些知识中最强的知识状态就是公共知识。因为群体必须依靠多主体知识和推导规则来互动，互动的结果就是产生新的公共知识，进而达成新的协同行动，形成新的共享情境，再进行推理互动，再产生新的公共知识，再生成新一轮的共享情境，周而复始，所以多主体认知是一个共享情境衔接着另一个共享情境，不同的共享情境依存不同的公共知识，不同的公共知识伴随不同的共享情境。公共知识是在多主体互动、互知、沟通交流的过程中产生的。

五　公共知识的鲁棒性特征

公共知识是多主体的知识，是涉及他人的知识，属于高阶知识，并且通过群体成员间互知、互动成为众所周知的知识。命题 φ 是群体 G 的公共知识，这是对公共知识这个高阶知识的描述；每个主体知道命题 φ，这是对普遍知识这个低阶知识的描述。它们是分别处于知识层级结构中的高阶和低阶知识状态。公共知识的鲁棒性就体现在它在多主体知识层级结构中处于最顶端、最强的位置，其中"公共"体现了公共知识存在的时空属性，"群体"是公共知识存在的主体归属，"协同行为"是公共知识存在的行为特质。

六　公共知识的矛盾性特征

在研究公共知识的时候必然会发现公共知识悖论这一问题。公共知识悖论是指：绝对意义上公共知识难以获得，但现实中依靠公共知识才能完成的协同行为却能够达成，从而产生矛盾。公共知识具有层级无限性：p 知道 φ，p 知道 q 知道 φ，p 知道 q 知道 p 知道 φ……一层一层地认知，需要主体一直保持逻辑理性来进行推理。从这一点来说，绝对意义上的公共知识是不可能存在的，因为现实中的主体并不总是具有逻辑理性的，无法以有穷的认知推理来验证无穷。我们现实中的推理，如经济决策、博弈推理，都是离不开公共知识的，没有公共知识，我们的推理就无法进行下去。然而，我们在现实生活中仍然能够达成协同行为，进行经济决策、博弈推理。于是，公共知识的这种矛盾就产生了一种强烈的反直觉效果——现实中能做到，但是理论上却行不通。这被称为"公共知识悖论"（common knowledge paradox）。R. 范根和 J. Y. 哈尔彭在 1995 年首次提出了公共知识悖论一词，认为群体间协作的必要条件是公共知识，但是在现实生活中由于时间的不确定性，无法获得绝对意义上的公共知识，从而产生了公共知识的矛盾性特征。

但是，公共知识悖论中的"悖论"是指有悖于常理，而不是逻辑上的悖论。因为在理论上构成悖论必须具备三大要素：一是公开确证的背景知识，二是正确的逻辑推导，三是矛盾等价式的建立。所谓的"公共知识悖论"只能符合前两大要素，而不能建立矛盾等价式。因此，"公共知识悖论"并不是严格意义上的逻辑悖论。那么如何解决这样的理论与现实的矛盾呢？逻辑学家提出了运用将公共知识弱化后获得的相对公共知识来解决这一矛盾。

我们了解了公共知识概念、特征，还需要建立公共知识逻辑公理系统，认知多主体、多主体知识、公共知识、协同行为之间的关系，以及相对公共知识获得的途径、相对公共知识在现实生活中的运用。

第三节　对定义和特征的认知

公共知识的定义体现出公共知识独有的特征，公共知识的特征影响着公共知识的形式化定义。

针对公共知识层级无限性特征导致其定义难以形式化表达的问题，逻辑学家逐步寻求解决方法，运用了固定点解释、共享情境解释等方法来定义公共知识。公共知识的定义最初是围绕层级的无限性展开的，随着其操作的繁杂冗余，逻辑学家开始寻找操作更加简单的形式化定义，于是固定点解释出现。但是固定点解释只是从形式上简化了公共知识的定义，其中还暗含着层级的无限性，而且固定点解释只是对元理论有意义，在现实生活中并不具有指导意义，并且固定点解释还没有考虑主体的非理性因素，这些都迫使逻辑学家寻找更具有操作性的解释方法。因此，共享情境解释方法应运而生。在共享情境内，对相关群体来说，公共知识是开放的，是众所周知的。而且在一个共享情境中主体通过分析公共知识信息的权衡行动产生另一个共享情境，另一个共享情境再通过另一个公共知识信息的权衡行动产生下一个共享情境，以此类推，推动主体认知和主体行为的不断变化。我们可以在此共享情境中充分理解和把握公共知识的相关内容。在此，公共知识的定义更加贴近主体的认知能力和感觉经验，也能更好地为主体接受，更有利于群体的协同行动。

　　对公共知识定义的刻画通常采用逻辑的方法和事件的方法。固定点解释是逻辑刻画的方法，共享情境解释是事件刻画的方法。每一种方法都促进了公共知识研究的进一步发展。两种方法都有自己的优点和缺点，在相互弥补中不断进步。除了这两种方法外，还有集合论方法、概率论方法等。D. 孟德尔和 D. 萨美特、K. 宾莫和 A. 布朗登伯格（A. Brandburger）在 1988 年就给出了一个特别简练的关于公共知识的集合论定义。

第二章 公共知识的逻辑刻画

公共知识逻辑是随着人类对认知规律的不断探索，应认知逻辑、动态逻辑、动态认知逻辑、多主体认知逻辑等的不断发展而产生的分支学科。我们在谈论公共知识的时候，离不开对人类知识的探讨，也离不开逻辑学科的发展，我们可以用逻辑的方法来认知公共知识。逻辑学家初始用逻辑符号来代替现实世界中纷繁复杂的具体事物进行推理，诸如亚里士多德的三段论、归纳逻辑、类比逻辑等。后来人们开始对认知进行深入探索，1962 年 J. 辛迪卡把克里普克的可能世界语义学方法引入逻辑，标志着认知逻辑的正式产生。① 再后来，为了更好地研究认知逻辑，人们不再一味地使用静态公式化的逻辑方法，而是着重考虑行为、时间等对人们认知的影响，发展了动态逻辑。动态认知逻辑是认知逻辑和动态逻辑的融合，旨在为信息变化或变化的信息提供一套形式化的处理办法，分析在主体之间交往中信息的流动，以及由此引发的主体认知的变化。公共知识逻辑的公理系统是在静态语言的基础上搭建适合的认知模型，并遵守相对应的规约公理而建立的。

第一节 公共知识逻辑公理系统方法论

公共知识是认知逻辑、动态逻辑、动态认知逻辑中涉及的最强的知识形态，公共知识逻辑系统是主体对公共知识的认知及其公理系统的研究。认知逻辑、动态逻辑、动态认知逻辑等逻辑系统中必然含有公共知识算

---

① K. Collier, *Hintikka's Epistemic Logic*, Dordrecht: Reidel Publishing Company, 1987, p. 181.

子。所以，在公共知识逻辑系统建立前，我们有必要将认知逻辑、动态逻辑、动态认知逻辑的系统、公理、方法论逐一梳理，参照这些逻辑系统，建立独立的公共知识逻辑系统。

一 认知逻辑公理系统

认知逻辑是研究主体认知的逻辑。主体通过认知获得知识和信念，而二者又指导主体进行新的认知。知识和信念在我们的日常生活中扮演着非常重要的角色。行为同知识和信念之间有着密切的联系。事实上，我们每个人的行为都是基于自己的知识和信念展开的。

20 世纪 80 年代，逻辑学两个著名的转向带动了认知逻辑的发展，一个是从研究单主体认知逻辑转向研究多主体认知逻辑；一个是从研究静态的逻辑转向研究知识和信念与行为之间的动态的逻辑。R. 范根等写作《知识的推理》时第一次对以知识为基础的多主体的逻辑推理系统做了深入的分析，并引入了公共知识的概念。

认知逻辑的语言、语义和公理系统定义如下。

定义 1 （认知逻辑的语言）假设 p 是原子命题的集合，G 是主体的集合。φ 表示任意的原子命题，a 表示任意的主体。多主体的认知逻辑的基本语言 L 由下面的规则定义：

$$\varphi::=p|\neg\varphi|(\varphi\wedge\psi)|K_a\varphi \tag{2.1}$$

认知逻辑的合式公式包括原子公式 p，以及含有否定符"$\neg$"、合取符"$\wedge$"和认知算子"K_a"构造的复杂公式。"$K_a\varphi$"表示"主体 a 知道命题 φ"。

认知逻辑的语言与命题逻辑的语言的区别就是加入了一元认知算子"K_a"。命题逻辑中的重言式，在认知逻辑中同样适用。认知逻辑合式公式还包括其他逻辑联结符，如析取符"$\vee$"、蕴含符"$\rightarrow$"等构造的复杂公式。但是，这些逻辑联结符可以在否定符"$\neg$"和合取符"$\wedge$"之间转换。比如：

$$\varphi\vee\psi::=\neg(\neg\varphi\wedge\neg\psi)$$
$$T::=p\vee\neg p$$

$$\varphi \rightarrow \psi ::= (\neg \varphi \wedge \psi)$$

$$\varphi \leftrightarrow \psi ::= (\varphi \rightarrow \psi) \wedge (\psi \rightarrow \varphi) \tag{2.2}$$

认知逻辑的合式公式还可以表达现实中较为复杂的认知状态。"主体 a 知道 φ 是可能的"表示为"$\neg K_a \neg \varphi$","主体 a 知道 φ 是否成立"表示为"$K_a \varphi \vee K_a \neg \varphi$"。

认知逻辑的合式公式还可以表达高阶认知状态，如"主体 a 知道自己不知道 φ"表示为"$K_a \neg K_a \varphi$"。

认知逻辑中最基本的认知算子是 K_a，除此之外还包括公共知识算子 C_G、普遍知识算子 E_G、隐含知识算子 I_G 等。

定义 2　（认知逻辑的语义）给定原子命题集 P 和有穷的主体集 G，构造克里普克模型如下：

$$M = (W, \{ \sim_a^w | a \in G\}, v) \tag{2.3}$$

①W 是可能世界集。

②v 是赋值函数。

③"$\sim_a^w | a \in G |$"表示对于每个主体 $a \in G$，可能世界 $w \in W$，都存在一个认知可及关系 $\sim_a$ 连接到可能世界 w 所能通达的可能世界。

定义 3　（真值解释）给定一个模型 M 和一个可能世界 $w \in W$，那么：

M，w $\models P$[①]，当且仅当，$w \in v$（P）。

M，w $\models \neg \varphi$，当且仅当，并非 M，w $\models \varphi$。

M，w $\models \varphi \wedge \psi$，当且仅当，M，w $\models \varphi$ 并且 M，w $\models \psi$。

M，w $\models K_a \varphi$，当且仅当，在任意时间 t，$t \sim a^w$，且 M，w $\models \varphi$。

M，w $\models <K>_a \varphi$，当且仅当，存在时间 t，$t \sim a^w$，且 M，w $\models \varphi$。

定义 4　（公理化[②]）基本的认知逻辑的公理和推导规则如下。

公理：

①含所有命题逻辑重言式的特例。

---

① "$\models$"表示有序对（M，w）与命题集 P 之间的二元关系。"M，w $\models P$"表示"P 在（M，w）上为真"。

② 公理化是用语法的方法说明一个逻辑是什么，即给出公理集合所包含的公理和推导规则。

②$K_a（\varphi\rightarrow\psi）\rightarrow（K_a\varphi\rightarrow K_a\psi）$。[①]

③$K_a\varphi\rightarrow\varphi$（知识公理）。

④$K_a\varphi\rightarrow K_aK_a\varphi$（正内省公理）。

⑤$\neg K_a\varphi\rightarrow K_a\neg K_a\varphi$（负内省公理）。

⑥$E\varphi\leftrightarrow（K_a\varphi\wedge\cdots\wedge k_n\varphi）$。

⑦$K_a\varphi\rightarrow D\varphi$。

⑧$（D（\varphi\rightarrow\psi）\wedge D\varphi）\rightarrow D\psi$。

⑨$Dp\rightarrow p$。

⑩$D\varphi\rightarrow DD\varphi$。

⑪$\neg D\varphi\rightarrow D\neg D\varphi$。

⑫$C\varphi\rightarrow\varphi$。

⑬$C\varphi\rightarrow EC\varphi$。

⑭$（C（\varphi\rightarrow\psi）\wedge C\varphi）\rightarrow C\psi$。

⑮$C（\varphi\rightarrow E\varphi）\rightarrow（\varphi\rightarrow E\varphi）$。

⑯$C_G\varphi\leftrightarrow\varphi\wedge E_GC_G\varphi$（均衡公理）。

⑰$\varphi\wedge C_G（\varphi\rightarrow E_G\varphi）\rightarrow C_G\varphi$（归纳公理）。

推导规则：

①分离规则：$（\varphi\rightarrow\psi）\wedge\varphi\rightarrow\psi$。

②必然规则：$\varphi\rightarrow K_i\varphi$。

公理①②构成认知逻辑公理系统 K。系统 K 加上③—⑤的真值公理、正内省公理、负内省公理被称为认知逻辑系统 S5。⑥是包含普遍知识算子的认知逻辑公理。⑦—⑪是包含分布知识算子的认知逻辑公理。⑫—⑰是包含公共知识算子的认知逻辑公理。系统 S5 加上⑥—⑰的公理构成多主体认知逻辑系统 S5m[②]。

建立公共知识逻辑公理系统参照认知逻辑公理系统，在语言上加入了 C_a 算子，并且制定了相应的公共知识公理。

---

① 这个公理被认为是"逻辑全知问题"的依据。

② 多主体认知逻辑系统 S5m 是由 W. 范·德·霍克和 J. J. 迈耶创立的。

二　动态逻辑公理系统

认知逻辑采用静态的方式描述了主体的认知状态；动态逻辑却相反，是关于主体行动或程序的逻辑。动态逻辑最初起源于计算机科学。

动态逻辑的语言、语义和公理系统定义如下。

定义 1　（动态逻辑的语言）由命题公式 F 和程序表达式 P 两部分组成：

$$F::=命题原子\ \varphi, \psi, \omega, \cdots | \neg\ F | (F \wedge F) | <P>F$$

$$P::=基本程序\ a, b, c, \cdots | P;P | (P \cup P)\ | P * | (F)? \qquad (2.4)$$

命题公式 F 基本上与命题逻辑中的公式相同，唯一不同的地方是含有合式公式 <P>F，即公式 F 前面有一个相关的程序 P。[①]

程序表达式 P 包含以下五种类型。

第一种是基本程序 a，b，c，…；

第二种是含有组合算子"；"，表示一个程序之后紧接着实施另一个程序；

第三种是"∪"算子表示程序的选择；

第四种是"＊"迭代算子，表示程序被重复运用；

第五种是"（F）？"表示验证公式 F 的真假。

后四种程序类型是通常算子的正规构建，分别表示：关系的组合、布尔选择、克里尼迭代和公式验证。

动态逻辑语言并没有包含认知算子，命题公式 F 和程序表达式 P 可以相互定义，命题公式 F 里的合式公式 <P>F 中包含程序 P，程序表达式 P 里的合式公式（F）？包含命题公式 F。

定义 2　（动态逻辑的语义）动态逻辑的语义模型如下：

$$M = (W, \{R_a | a \in A|\}, v) \qquad (2.5)$$

①A 是基本程序的集合。

---

① 在语义模型中，公式 F 前面是一个程序 P 意味着每个可及关系是"加标的程序转换关系"，"标"表明转换是由哪个程序实现的。

②R_a 是由程序 a 决定的状态之间的转换关系。

定义 3 （真值解释）给定一个模型 M 和一个可能世界 $w \in W$，"M，$w \vDash \varphi$"表示命题 φ 在可能世界 w 为真。"M，w_1，$w_2 \vDash \pi$"表示从 w_1 到 w_2 的转换需要对应程序 π 被成功执行，那么：

①M，$w \vDash \varphi$，当且仅当，$w \in v(\varphi)$。

②M，$w \vDash \neg \varphi$，当且仅当，并非 M，$w \vDash \varphi$。

③M，$w \vDash \varphi \wedge \psi$，当且仅当，M，$w \vDash \varphi$ 并且 M，$w \vDash \psi$。

④M，$w \vDash <\pi>\varphi$[①]，当且仅当，存在 w' 使得 M，w，$w' \vDash \pi$ 并且 M，$w' \vDash \varphi$。

⑤M，w_1，$w_2 \vDash a$，当且仅当，$(w_1, w_2) \in R_a$。

⑥M，w_1，$w_2 \vDash \pi_1 ; \pi_2$，当且仅当，存在 w_3 使得 M，w_1，$w_3 \vDash \pi_1$，且 M，w_3，$w_2 \vDash \pi_2$。

⑦M，w_1，$w_2 \vDash \pi_1 \cup \pi_2$，当且仅当，M，$w_1$，$w_2 \vDash \pi_1$，或者 M，$w_1$，$w_2 \vDash \pi_2$。

⑧M，w_1，$w_2 \vDash \pi^*$，当且仅当，在 M 中从 w_1 到 w_2 存在有限程序 π 迭代转换序列。

⑨M，w_1，$w_2 \vDash (\varphi)?$，当且仅当，$w_1 = w_2$，且 M，$w_1 \vDash \varphi$。

定义 4 （公理化）动态逻辑的推导规则和公理如下。

①相对任意模态算子 $[\pi]$ 的极小模态逻辑中的所有推导规则。

②相对存在算子的推导规则：

$$<\pi_1 ; \pi_2>\varphi \leftrightarrow <\pi_1>;<\pi_2>\varphi$$

$$<\pi_1 \cup \pi_2>\varphi \leftrightarrow <\pi_1>\varphi \vee <\pi_2>\varphi$$

$$<\varphi?>\psi \leftrightarrow \varphi \wedge \psi$$

$$<\pi^*>\varphi \leftrightarrow \varphi \vee <\pi><\pi^*>\varphi \qquad (2.6)$$

③归纳公理：$(\varphi \wedge [\pi^*](\varphi \rightarrow [\pi]\varphi)) \rightarrow <\pi^*>\varphi$。

动态逻辑是研究行动或程序的逻辑，是关于行为的迭代，以及由行为 a 决定的状态之间的转换关系的研究，这些都是建立公共知识逻辑公理系

---

① $<\pi>\varphi$ 为真，当且仅当程序 π 所能被执行的可能世界中，存在一个可能世界使得 φ 为真。

统需要借鉴的。

三　动态认知逻辑的认知模型

20 世纪 90 年代，关于信息传递引起的主体知识变化和信念变化受到逻辑学家的极大关注，产生了认知逻辑和动态逻辑融合在一起的动态认知逻辑。W. 范·德·霍克等在《动态认知逻辑》一文中详细介绍了动态认知逻辑的背景和技术应用。J. 范本特姆（J. van Benthem）在《信息流的逻辑动态》一文中进一步发展动态认知逻辑的技术和思想，把它与信息流的一般思想结合起来，处理更加多样化的社会交往行为。

动态认知逻辑旨在为信息变化或变化的信息提供一套形式化的处理办法，所以，可以分为两个部分：一部分处理信息，另一部分处理执行程序的行为所导致的信念变化。事实上，动态认知逻辑已经成为一种方法论，可以用来处理信念、意图等其他的认知态度的改变。

随着认知逻辑研究的不断深入，人们逐渐意识到在博弈论、人工智能等许多科学领域中多主体之间的认知互动的重要性。这种互动性的认知活动表现在从已有状态获取一般信息，或者或缺信息后的行为产生新的认知状态。从知识的层面看，又可以归结为知识的处理和知识动态变化的处理。"知识的处理"就是给出各项知识之间的关系，可以由原先的认知逻辑完成。"知识的动态变化"可以理解为"知识—行为—新状态—新知识"的过程，其中的"行为—状态—新知识"部分，恰好是动态逻辑所处理的部分。这使得认知逻辑和动态逻辑由此而结合。

具体结合的方法是把认知算子和行为算子都作为模态引入，让它们共存并且相互作用，将关于知识的命题和关于行动的表达式合在一起，从而实现表达和处理主体的知识变化。所以动态认知逻辑的语言是认知逻辑语言和动态逻辑语言的结合。

我们来看一个抛掷硬币的游戏。

主体 a 和 b 来到一个房间，房间里摆放着一台可以遥控的抛掷硬币的机器。a 或 b 按下按钮，硬币抛向空中后落在一个盒子里，盒子马上关闭。盒子里真实情况是硬币的正面朝上，但由于距离较远，a 和 b 都看不清硬币最终是哪面朝上。如果 a 和 b 一起打开盒子，就会看到硬币是正面朝上的。

假设 "p" 表示硬币正面朝上，"￢ p" 表示硬币背面朝上。用可能世界语义学描述打开盒子前各个主体静态的知识状态，如图 2-1 所示。

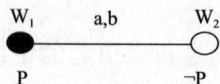

图 2-1　打开盒子前主体的知识状态

图 2-1 中黑色的圆点和白色的圆点表示 w_1 和 w_2 两个可能世界，其中黑色的圆点表示现实世界。圆点中间连接的横线表示主体现在不能区分这两个可能世界，且主体对每个可能世界都是可及的。打开盒子前存在两种可能情况，即 "p" 和 "￢ p"。主体 a、b 都不能区分这两种情况，他们认为这两种情形都是可能的。也就是说当主体身处其中任何一个世界时，也会认为这个世界本身是可能世界，因此，每个可能世界与主体自身都有可及关系。

打开盒子前，主体的认知模型如下。

主体集 $G = \{a, b\}$，命题变元集 $P = \{p\}$，$M = (W, R, v)$，其中 $W = \{W_1, W_2\}$，$R_1 = R_2 = \{(W_1, W_1), (W_1, W_2), (W_2, W_1), (W_2, W_2)\}$，$V(p) = \{W_1\}$。

那么 $M, W_1 \models \neg K_a P$；$M, W_1 \models K_a (P \vee \neg P)$；$M, W_1 \models K_a (\neg K_b P \wedge \neg K_b \neg P)$；$M, W_1 \models K_a \neg K_a P$；$M, W_1 \models K_a K_a (P \vee \neg P)$ 都成立。

打开盒子后，主体的认知状态发生改变。在这个时候，主体 a 和 b 能够判断出哪种情形为真，(M, W_1) 成为此时主体 a、b 的认知模型，如图 2-2 所示。

图 2-2　打开盒子后主体的知识状态

打开盒子后，主体的认知模型如下。

主体集 $G = \{a, b\}$，命题变元集 $P = \{p\}$，$M = (W, R, v)$，其中 $W = \{W_1\}$，$R_1 = R_2 = \{(W_1, W_1)\}$，$v(p) = \{W_1\}$。

那么 M，$W_1 \vDash K_aP$；M，$W_1 \vDash K_aK_bP$；M，$W_1 \vDash K_aK_bK_aP$；M，$W_1 \vDash K_aK_aP$；M，$W_1 \vDash K_aK_aK_bK_aP$ 等成立。

值得注意的是，不论主体打不打开盒子，世界本身的真实信息并不会发生改变，盒子里的硬币依然正面朝上。唯一不同的是，当打开盒子这一行为发生后，主体 a 和 b 的知识状态发生了改变，拥有了新的公共知识。

从认知模型变化过程看，主体 a、b 各自根据行为的变化分别对自己的知识进行了更新。原来静态认知逻辑语言能帮助我们刻画和描述主体的静态知识分布，但是如何刻画主体对于上述过程中由外部行为引发的知识状态变化还是无能为力的，动态认知逻辑正是要对这种由于外部行动引起的知识状态变化过程中的推理进行表达和刻画。如图 2-3 所示。

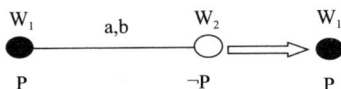

图 2-3　行为引起的主体知识状态的变化

两个主体一起打开盒子的行为，可以看作向主体 a、b 公开宣告硬币正面朝上这一行为。动态认知逻辑通过刻画行为对于主体知识状态的影响来完成推理。这一点随后将会在公共信念集的变化中体现。

动态认知逻辑是处理信念、意图等认知态度的模型和方法，可以用于公共信念集的扩充、收缩、修正。

四　公共知识逻辑系统方法论

在认知逻辑、动态认知逻辑系统中会提到公共知识算子和一些含有公共知识算子的公理，公共知识算子是非常重要的多主体认知算子之一。

我们来看主体 Q 和主体 A 之间的一组问答，这可以反映出公共知识算子的重要性。

Q：我们一定能够战胜新冠疫情吗？

A：是的。

用 φ 来表达命题"新冠疫情一定能够被战胜"。那么，当主体 Q 提出疑问时，表达出以下两个信息。

第一个信息是主体 Q 并不知道命题 φ 是否成立。这种认知状态可以用认知逻辑语言来表示为：$\neg K_Q \varphi \vee \neg K_Q \neg \varphi$。

第二个信息是主体 Q 认为主体 A 可能知道命题 φ，这种认知状态也可以用认知逻辑语言来表示：$<K>_Q (K_A \varphi \vee K_A \neg \varphi)$。

主体 A 做出肯定回答，表达出的信息是他知道 φ。用认知逻辑语言来表达就是 $K_A \varphi$。

当主体 A 做出肯定回答后，主体 Q 知道了命题 φ 为真，主体 Q 知道主体 A 知道 φ 为真，主体 A 知道主体 Q 知道 φ 为真，主体 Q 知道主体 A 知道主体 Q 知道 φ 为真，主体 A 知道主体 Q 知道主体 A 知道 φ 为真，以此类推，乃至任意有穷深度的迭代，命题 φ 为真就成了主体 A 和主体 Q 之间的公共知识，用逻辑语言来表示就是 $C_{\{Q,A\}} \varphi$。

公共知识算子是应认知逻辑语言的扩展而提出的。公共知识的交互反省任意有穷深度的知识不仅包括了事实的信息，还包括了关于别人知识的知识这样的高阶信息。这种高阶信息在多主体交流中非常重要，已经成为主体行为发生改变的依据。比如在商界博弈中，我们不知道竞争对手的信息和知道竞争对手的信息时所采取的行动策略可能是完全不同的。

公共知识逻辑系统的建构方法采用在逻辑的方法的基础上加入奥曼结构的形式，具体来说是选择一组静态的逻辑语言和与其相匹配的模型来表达群体的信息状态，再将相关行为信息分析为改变模型的一种动态扩张。公共知识逻辑系统的语言要能清楚地表达出相关的行为事件以及这些行为对认知产生的影响。所以，公共知识逻辑系统的建构既要保留传统逻辑系统建构的方法，也要借鉴动态认知逻辑系统建构的方法。

第一，保留传统逻辑系统建构的方法。

公共知识逻辑系统建立依然采用一组静态逻辑语言。静态逻辑语言包括初始命题集合、命题联结符、公共知识算子等。

对于单个主体而言，如果命题 φ 为真，当且仅当 φ 在主体所能通达的所有可能世界中为真；如果主体知道 φ，那么命题 φ 为真。

对于多主体而言，n 个主体在命题集 Φ 上的克里普克结构是一个有序多元组：$M = (W, \pi, K_1, \cdots, K_n)$。具体来说，W 是可能世界的非空集合；$\pi$ 是真值指派，即初始命题 φ（$\varphi \in \Phi$）在可能世界 w（$w \in W$）中的真值指派；$\pi(w): \varphi \rightarrow \{T, F\}$；$K_i$（$i \in \{1, 2, \cdots, n\}$）是可能世

界 w 中的二元关系，即在可能世界集 W 中，可能世界 w∈W，主体 i 认为可能世界 w 是可通达的。

给定一个命题 φ，现实世界 w，φ∈Φ，w∈W，主体 i∈{1, 2, …, n}，在现实世界 w 中命题 φ 成立，那么 $K_i\varphi \to \varphi$（知识公理），$\Phi \to K_i(\Phi)$（主体 i 知道所有通达的可能世界），$K_i\varphi \to K_iK_i\varphi$（正反省公理）。知识公理不仅仅是知识的形式表达，而且是信念的形式表达。

第二，借鉴动态认知逻辑系统建构的方法。

公共知识逻辑系统的建立参照动态认知逻辑的方法论，即在选择一组静态的逻辑语言后，需要搭建与其相匹配的表达群体认知状态的模型。在静态语言层次上，我们可以对模型进行自由的选择，确保系统得到一个完备的公理系统。

然后，在此模型上添加一组刻画动态事件影响的规约公理集。规约公理集使得每一个动态语言中的公式等值于相应的一个静态公式，这样静态逻辑中的一些性质就可以在动态逻辑中表达出来。

这里提出的规约公理是连接静态语言和动态语言这两种语言的媒介。并不是每个认知算子都能找到规约公理。公共知识算子本身就没有规约公理，为了得到它的规约公理，需要先扩展丰富基本的静态语言才能得到规约公理。

为了得到 $C_G\varphi$ 的规约公理，需要引入条件公共知识来扩展基本的静态认知语言，即 $C_G(P, \varphi)$。从语义上说，$C_G(P, \varphi)$ 是指命题 φ 在所有经过有限步可及关系运算后可通达的可能世界中为真并且所有通达的可能世界都满足条件 P，也就是说在当前认知模型中，主体在学习事实 P 之后将会获得公共知识 φ。

公共知识算子 $C_G\varphi$ 可以理解为条件公共知识 $C_G(P, \varphi)$ 的一个特例，即 $C_G(T, \varphi)$，命题 φ 在所有经过有限步可及关系运算后可通达的所有可能世界中都为真。这样加入公开宣告行为算子后，公式 $[!P]C_G\varphi$ 的规约公理就是 $[!P]C_G\varphi \leftrightarrow P \to C_G(P, [!P]\varphi)$。现实生活中的语言非常丰富，要得到动态的扩展逻辑，就必须让规约公理起作用于新的更强的公共知识算子 $C_G\varphi$。规约公理是动态认知逻辑的核心，也是公共知识逻辑的核心。

第二节　公共知识逻辑公理系统

公共知识逻辑系统是建立在认知逻辑、动态逻辑、动态认知逻辑的基础上的，参照认知逻辑的方法论，并针对公共知识层级的无限性造成的形式化难题，运用固定点解释——固定点公理"$C_a \rightarrow E$（$a \wedge C_a$）"来建构。固定点解释在探讨公共知识元理论方面有重要意义，根据固定点解释建立公共知识逻辑系统的特征公理，能够很好地表达公共知识的逻辑性质。

公共知识逻辑的语言、语义和公理系统定义如下。

定义 1　（公共知识逻辑的语言）类似于认知逻辑形式语言，也是由经典命题逻辑语言附加认知算子 K、E 和 C 组成。假设 P 是原子命题的集合，G 是主体的集合，φ 表示任意的原子命题，a 表示任意的主体。公共知识逻辑基本语言 L 包含：

$$\varphi ::= p | \neg \varphi | (\varphi \wedge \psi) | K_a \varphi | E_a \varphi | C_G \varphi \tag{2.7}$$

其中：

①命题逻辑中的重言式，在公共知识逻辑中同样适用。所以其合式公式也包括逻辑联结符，如析取符"$\vee$"、蕴含符"$\rightarrow$"、否定符"$\neg$"和合取符"$\wedge$"等构造的复杂公式。比如：

$$\varphi \vee \psi ::= \neg (\neg \varphi \wedge \neg \psi)$$
$$T ::= p \vee \neg p$$
$$\varphi \rightarrow \psi ::= (\neg \varphi \wedge \psi)$$
$$\varphi \leftrightarrow \psi ::= (\varphi \rightarrow \psi) \wedge (\psi \rightarrow \varphi) \tag{2.8}$$

②公共知识逻辑的合式公式包含原子公式 p、q、r 等。

③合式公式还包括否定符"$\neg$"、合取符"$\wedge$"以及认知算子"K_a"、普遍知识算子"E_a"、公共知识算子"C_G"构造的复杂公式。"$C_G \varphi$"表示为"命题 φ 是群体 G 的公共知识"。

$$E_a ::= K_1 a \wedge K_2 a, \cdots, \wedge K_n a$$
$$C_a ::= E_a \wedge EE_a \wedge \cdots \tag{2.9}$$

定义 2 （公共知识逻辑的语义和真值）同认知逻辑的语义和真值解释，这里不再赘述。

定义 3 （公共知识逻辑公理化）公共知识逻辑的公理和推导规则如下。

公共知识逻辑公理：

①所有命题逻辑重言式的特例。

②$K_i\varphi \wedge K_i(\varphi \rightarrow \psi) \rightarrow K_i\psi, i = 1, \cdots, n$

③$K_i\varphi \rightarrow \varphi, i = 1, \cdots, n$

④$K_i\varphi \rightarrow K_iK_i\varphi, i = 1, \cdots, n$

⑤$\neg K_i\varphi \rightarrow K_i \neg K_i\varphi, i = 1, \cdots, n$

⑥$\neg K_i(\bot), i = 1, \cdots, n$

⑦$E_i\varphi \leftrightarrow K_1\varphi \wedge \cdots \wedge K_n\varphi, i = 1, \cdots, n$

⑧$C_a \rightarrow E(a \wedge C_a)$

⑨$C_P(\sigma, \varphi) \leftrightarrow (\sigma \rightarrow (\varphi \wedge E_p(\sigma \rightarrow C_P(\sigma, \varphi))))$

⑩$C_P(\sigma, \varphi \rightarrow \psi) \rightarrow C_P(\sigma, \varphi) \rightarrow C_P(\sigma, \psi)$

⑪$(\varphi \rightarrow C(\varphi \wedge \psi)) \rightarrow (\varphi \rightarrow C\psi)$

⑫$((\sigma \rightarrow \varphi) \wedge C_P(\sigma, \varphi \rightarrow E_p(\sigma, \varphi))) \rightarrow C_P(\sigma, \varphi)$

推导规则：

①从 φ，$\varphi \rightarrow \psi$ 得出 ψ

②从 φ 得出 $K_i\varphi$

③从 $\varphi \rightarrow E(\varphi \wedge \psi)$ 得出 $\varphi \rightarrow C\psi$

解释：

公理②表示主体是理性的，能够推出所有知识的逻辑后承。

公理③表示真的知识才能被知道，即知识公理，可以用来区分知识和信念。

公理④表示主体知道自己知道，即正反省公理。

公理⑤表示主体知道自己不知道，即负反省公理。

公理⑥表示主体不知道不协调。

公理⑦表示普遍知识是所有 $K_i\varphi$ 公式的合取。

公理⑧⑨分别表示简单和复杂的固定点解释。

公理⑩表示主体知道所有公理的逻辑后承。

公理⑪⑫表示简单和复杂的归纳公理。

其中公理①②和推导规则①②组成逻辑 K 系统。

逻辑 K 系统与公理③组成 T 系统。

逻辑 T 系统与公理④组成 S4 系统。

逻辑 S4 系统与公理⑤组成 S5 系统。

逻辑 K 系统与公理④⑤⑥组成 KD45 系统。

在多主体认知推理中，通常在这几个系统中加 n 来表示多主体认知，即表示为 K_n、T_n、$S4_n$、$S5_n$、$KD45_n$。

公理⑦⑧和推导规则③是公共知识逻辑的特征公理和推导规则。与前面的几个多主体认知系统相结合，R. 范根建立了带有公共知识的认知逻辑系统，即 K_n^c 系统、T_n^c 系统、$S4_n^c$ 系统、$S5_n^c$ 系统、$KD45_n^c$ 系统。[①]

一个公式 a 在 K_n 系统中是可证明的，表示为 $K_n \vdash a$。在 K_n 系统中，演绎规则是不成立的。演绎规则的意思是在系统 S 中，如果 $a \rightarrow \beta$，那么 $a \rightarrow \beta$ 在系统 S 中是可证明的。在 K_n 系统中，通过归纳规则可以得到 $K_i a \rightarrow a$，但是通过演绎规则则不可证得 $K_i a \rightarrow a$。

一个公式 a 在 K_n 系统中是可协调的，同时 ¬ a 在 K_n 系统中是不可证的。一个有限公式集合 $\{a_1, a_2, \cdots, a_n\}$ 是可协调的，当且仅当 $a_1 \wedge a_2 \cdots \wedge a_n$ 是协调的，即一个无限公式集合是协调的，当且仅当其所有有限子集是协调的。一个公式集合 F 是极大协调集，如果 $a \notin F$，那么 $F \cup \{a\}$ 就是不协调的。

如果公式集合 F 是极大协调集，那么它必须满足以下条件。

①对每个公式 a，$(a \vee \neg a) \in F$。

②$a \wedge \beta \in F$，当且仅当 $(a \in F) \wedge (\beta \in F)$。

③如果 $(a \in F) \wedge (a \rightarrow \beta \in F)$，那么 $\beta \in F$。

④如果 a 是 K_n 可证明，那么 $a \in F$。

公共知识逻辑系统与认知逻辑系统相同，可以用可能世界语义学描述。主体的知识状态对应于主体所处的可能世界。一个主体知道一个命题

---

① R. Fagin et al., *Common Knowledge Revisited*, Cambridge：MIT Press，1995.

φ，当且仅当，命题 φ 在主体所能通达的可能世界集中都为真；一个主体不知道命题 φ，当且仅当，命题 φ 至少在主体所通达的一个可能世界中为假。

对可能世界集 W 来说，每一个可能世界都具有以下性质。

①自返性：如果 w∈W，那么（w，w）∈v。

②对称性：如果 w∈W，w′∈W，（w，w′）∈v，那么（w′，w）∈v。

③传递性：如果 w∈W，w′∈W，w″∈W，（w，w′）∈v，（w′，w″）∈v，那么（w，w″）∈v。

在某个可能世界 w 中，与 w 有可及关系（即 R 关系）的可能世界构成可能世界集 W。那么这种可及关系 R，一般来说包含以下四种情况。

①全同关系：所涉可能世界中的元素完全相同。

②真包含于关系：一个可能世界是另一个可能世界的子集。

③全异关系：可能世界之间完全不存在相同的元素。

④交叉关系：两个可能世界中存在相同的元素，但是还包含至少不同于另一个可能世界的一个元素。

如果在可能世界 w 和 w′中主体 i 知道的命题相同，那么可能世界 w 和 w′对于主体 i 的二元关系就是等价关系。用 M_n 表示多主体克里普克结构，那么"⊨"所表示的二元关系如下。

定理 1　对于所有公式 φ，ψ∈L_n（Φ），结构 M∈M_n，i=1，…，n，那么：

①如果 φ 是经典命题逻辑公理，那么 M⊨φ。

②如果 M⊨φ，并且 M⊨φ→ψ，那么 M⊨ψ。

③M⊨（K_iφ∧K_i（φ→ψ））→K_iψ。

④如果 M⊨φ，那么 M⊨K_iφ。

定理 2　给定一个克里普克结构 M=（W，π，K_i，…，K_n），那么：

①M，w⊨Eφ，当且仅当 M，w⊨K_iφ，i=1，…，n。

②M，w⊨Cφ，当且仅当 M，w⊨E^Kφ，i=1，…，n。

定理 3　给定一个克里普克结构 M=（W，π，K_i，…，K_n），那么：

①M，w⊨E^Kφ，当且仅当 M，w⊨φ，存在可能世界 w′是可能世界 w

在 K 步（K≥1）可及的。

②M，w ⊨ Cφ，当且仅当 M，w ⊨ Eφ，存在可能世界 w′是可能世界 w 一直可及的。

定理 4 对于所有的公式 φ，ψ∈L$_n$（Φ），结构 M∈M$_n$，i＝1，…，n，那么：

①M ⊨ Eφ↔（K$_1$φ∧K$_2$φ，…∧K$_n$φ）。

②M ⊨ Cφ↔E（φ∧Cφ）。

③如果 M ⊨ φ→C（φ∧ψ），那么 M ⊨ φ→Cψ。

定理 4 中的第②条是公共知识的固定点解释，也是固定点方程 X≡E（φ∧X）的一个解。固定点方程 X≡E（φ∧X），意思是只要在 X 情境中就可以推出事实 φ 和情境 X 成为群体内每个成员的普遍知识，这样 φ 也就成为群体成员的公共知识。所以，只要在共享情境 X 中，群体成员不需要层层推理就可以知道哪个是公共知识。

第三节　公共知识逻辑公理系统的认知特征

20 世纪 70 年代中期，认知科学以解释涉身心智的奥秘为目的登上了人类认知的舞台，包含了以意识、思维、认识、推理和逻辑为研究对象的认知哲学，以信息的检测、加工、获取、记忆为研究目的认知心理学，以自然语言和形式语言为研究方向的认知语言学，从文化和进化方面来研究文化对认知影响的认知人类学，以人工智能为研究对象的认知计算机科学，以及利用现代科学技术对脑认知的生理功能进行研究的认知神经科学。同时，认知科学与现代逻辑的跨学科研究产生了认知逻辑这门新兴学科，使得逻辑学研究的重心转移到人类认知方面。认知逻辑以认知语言学为基础，是关于认知过程及其规律的逻辑理论，常用来对高阶信息进行推理。认知逻辑系统包含各种与认知科学相关学科有关的逻辑系统，包括逻辑哲学和哲学逻辑、语言逻辑、文化与进化的逻辑、人工智能的逻辑、神经网络方法和网络逻辑。

公共知识是在研究多主体认知推理中提出的群体知识种类重要概念之一。公共知识指的是一个群体的每个人知道这个事实，而且每个人知道该群体的其他人知道这个事实，并且其他人也知道其他人都知道这个事实，以此类推。这是一个有穷的认知过程。对于一个群体 G 来说，如果事实 φ 是公共知识，当且仅当 φ 是 G 的有穷高阶知识。公共知识的获得是群体协同行为达成的必要条件。公共知识逻辑是在认知逻辑的基础上扩充而成的，主要考虑主体对公共知识的认知过程及其规律的逻辑系统。公共知识逻辑是认知逻辑的一个扩充，也服务于认知科学的相关学科，并应用于认知逻辑体系。

公共知识逻辑公理系统既具有认知逻辑的特征，又有自身发展的特征。

一　非完全形式化

公共知识逻辑公理系统的形式语言 L 是由经典认知逻辑语言 L 附加认知算子 K、E 和 C 组成的。在整个系统中，处于不同认知层级状态的知识都可以得到合乎语法的形式化表述。这种形式化表述最早由莱布尼茨提出，经过弗雷格和罗素发展，再到乔姆斯基的唯理主义语法学和拉柯夫的经验主义认知语言学，具体来说就是利用少数初始符号，使用形成规则和归纳推理表达相关意义的语句。在语义方面，公共知识逻辑运用克里普克结构来建构认知模型。给定一个克里普克结构 $M = (S, \pi, k_1, \cdots, k_n)$：

①　$(M, s) \vDash E^k a$，当且仅当 $(M, t) \vDash a$ 对于所有 t 是 s 经过 k 步可及的。

②　$(M, s) \vDash Ca$，当且仅当 $(M, t) \vDash a$ 对于所有 t 都是 s 可及的。

但是，公共知识逻辑公理系统并不是完全形式化的，因为认知存在是复杂的，不能形式化，需要考虑从唯理主义到经验主义，更多地关注主体非理性的内容。完全形式化的描述不能很好地表达出特殊语境下的时间要素、主体偏好、沟通渠道等对主体认知的影响。比如公共知识的定义存在层级的无限性，这是一个形式化的难题，虽然后来 G. 哈曼根据公共知识的环状特征引入自我指涉提出固定点解释暂时解决了这一问题，但是固定点解释无疑自身也包含了公共知识层级无限性的特征。D. 刘易斯对公共知识的定义最初也是非形式化的，它是建立在一个强假定的基础上的，即对于一个事实 φ，每个主体知道每个主体都有相同的"理性、归纳标准和背景知识"。D. 刘易斯还把各个层级的交互知识看作公共知识层级的逻辑后承链条，认为主体不需要实际推理就可以得到公共知识。M. 吉尔伯特更是认识到了主体理性的作用，高度精细化地提出了主体认知公共知识应该具备的状态，主体可以认为一个直觉上"外在开放的"命题是公共知识。不论是 D. 刘易斯的强假定，还是 M. 吉尔伯特关于主体的描述都不是完全形式化的表达。所以，公共知识逻辑公理系统的建构也并不是完全形式化的，而是要在涉及主体认知的时候更多地回归自然语言，考虑主体的感觉经验等非理性因素。R. 卡尔纳普（R. Carnap）曾经在《语义学导论》一书中提到，可以把语言的三个研究领域进行区分。如果一种研究明确地涉及说话者，或者说涉及语言的使用者，那么这种研究就可以归诸语用学的领域。如果不考虑语言的使用者，仅仅分析词语之间的关系，这种研究便归诸逻辑的句法领域内。① R. 卡尔纳普的这一表述同样适用于公共知识逻辑的研究。公共知识逻辑不仅涉及语形、语义，还涉及语用，形式化的同时兼顾主体的感觉经验。

二　非绝对演绎性

逻辑推理是主体在生活实践、科学研究中广泛存在的一种认知思维模式。传统逻辑研究命题之间的有效推理关系，认为前提与结论之间存在静态推理关系。根据给定的前提，主体就可以决定哪些命题可以作为结论。演绎推理就是前提信息蕴含着结论信息，结论信息可由前提信息必然得出，其适用于解决普遍性问题。在公共知识逻辑公理系统中，直言命题推理、复合命题推理、关系演绎推理等仍然是适用的。根据演绎推理的蕴含性，建立公共知识逻辑公理系统，所有的定理都可以从公共知识逻辑公理系统的公理和推导规则中得出；根据演绎推理的单调性，主体可以通过信念的扩充、修正和收缩来获得相对公共知识，前提增加结论也增加，前提减少结论也减少。所以公共知识逻辑很好地运用了演绎推理。但是蕴含性和单调性存在推理的缺陷，意味着主体不能运用演绎推理从经验中获得新知识。演绎逻辑旨在解决普遍性问题，但是对于特殊性问题，经验问题却

---

① R. Carnap, *Introduction to Semantics, and Formalization of Logic*, Harvard：Harvard University Press, 1942, p. 26.

无法作为。所以，公共知识逻辑推理绝对不仅仅运用演绎推理。

公共知识逻辑公理系统中还会运用到归纳推理，其特点是结论信息超出前提信息的内容，前提信息提供或然的论据，得出或然的结论信息。我们可以从公共知识的固定点解释来看这一推理。对于固定点方程 $X \equiv E\ (a \wedge X)$，Ca 可以被看作它的一个解。$Ca \equiv E\ (a \wedge Ca)$ 就说在情境 X 中，事实 a 是公共知识，当且仅当群体的每个成员知道 a 成立，并且每个成员知道自身处于情境 X 中。这种解释意味着主体不需要知道每个 E^1a，E^2a，…，也可以获得公共知识。这正是符合归纳规则的或然性结论。归纳推理是一种模态推理，归纳是不确定最终的确定性的，随着社会的发展、科技的发展，总会有一种新的事物推翻原来的归纳推理。但是归纳推理满足绝大部分事物归纳的要求，这是获得相对公共知识的推理方式之一。在公共知识逻辑中，还有非单调推理、类比推理、因果推理等能够增加新知识的推理，包括引入了概率方法来实现公共知识的弱化，所以经验的方法和理性的方法、归纳的方法和演绎的方法、个别的方法和一般的方法同时存在，比如用非单调推理来说明常识和公共知识。

公共知识逻辑公理系统除了运用传统逻辑的推理方式外，还要运用认知逻辑的推理方式，即从推理过程的角度看，通过对已知信息表征的加工、操作、转换和过渡来推出未知信息表征，这样可以突破人们对事物认知的有限性，尽可能地扩展对事物的认知。这种高阶认知包含了记忆、语言理解、阅读理解、判断决策、问题解决、评价、信念修正、交流等多种认知活动。在零交流情况下，人们凭借自己的记忆来推断与线索相关的内容，所以肯定存在某些不确定的记忆内容，这就必须涉及推理。在语言阅读理解中人们往往会对一些"只可意会不可言传"的内容进行推理，毕竟语言符号的抽象性和表达的离散性会使语言晦涩难懂。根据事物的已知性质判断事物的未知性质是推理的必要环节。决策是人们对相关选择做出评价，也是推理的一种。问题解决是从事态的初始表征向目标表征的过渡，是具有很强目的性的推理。信念修正是在公共知识推理过程中形成的。交流是人们日常交往的状态，个人的知识和推理是有限的，交流是人们获得外界知识和信息的很好媒介。通过主体间的沟通交流可以获得公共知识。从多主体知识层级结构的表征中可以看出，这些高阶认知方式对公共知识的获得都有很大的助力。

三　认知普遍性

公共知识逻辑公理系统是主体对公共知识的认知及其规律的研究，表面上似乎并不关心主体的心理认知问题，也不考虑合乎哲学的思维，但实际上，公共知识逻辑公理系统在认知逻辑学科体系的六大领域都有涉及，不可能脱离主体的感觉经验和哲学思考。

第一，逻辑哲学试图借助形式语言和数理逻辑的分析方法解决所有哲学难题。维特根斯坦就是坚定的逻辑演算至强的拥护者。公共知识逻辑同样离不开语言的形式化和逻辑推演，其对主体的有穷认知过程的推理本身就是高阶认知。哲学逻辑是用逻辑的形式系统和结构分析哲学研究核心的概念和论证。它的研究范围很广泛，包括传统哲学中必然、偶然、时间、存在、义务、知识等基本概念，还包括传统逻辑中真值、蕴含、论域等基本概念，以及一阶逻辑、高阶逻辑、模态逻辑、认知逻辑、时间逻辑、相干逻辑、多值逻辑等各种逻辑系统的性质。公共知识逻辑是认知逻辑的扩充，必然包含在哲学逻辑的研究范围之内，并服务于哲学逻辑。

第二，公共知识逻辑公理系统也是建立在认知语言学的基础上的，运用数理逻辑、模态逻辑等方法来阐述公共知识认知的问题。它对主体感觉、知觉和表象也做出了一些逻辑分析，但与心理学上的分析不同。比如，M. 吉尔伯特是这样描述主体对公共知识的认知的："主体 i 在认知上是正常的，主体 i 具有正常的知觉器官，这些知觉器官能够正常地工作，具备正常的推理能力；主体 i 存在履行其他知觉的观念；主体 i 能够认知到群体中的其他主体；主体 i 能够认知到前面条件都是成立的；主体 i 认知到事件状态 A 是成立的；主体 i 认知到群体中所有主体都认知到 A 是成立的。"[1] 可以看出 M. 吉尔伯特也只有假定主体具有充分的认知推理能力，才能获得公共知识。

第三，公共知识逻辑公理系统是一种优化的推理方式，虽然不是理解

---

① M. Gilbert, "Coordination Problems and the Evolution of Behavior," *Behavioral and Brain Sciences*, 1984, 7 (1).

主体心理表现的最佳途径，但是也与主体心理息息相关。公共知识逻辑中关于三段论、假言推理等传统逻辑的推理形式以及它们在认知活动中的应用，都是在主体理性状态之下进行的。保罗·萨迦德（P. Thagard）在《心智：认知科学导论》一书中，把逻辑与规则、概念、类比、表象、联结一起作为计算表征的心智解释的基本形式。[①] 但是这些基本心智解释形式并不能完全说明人类思维和智能的所有情形，比如无意识的认知。P. C. 沃森（P. C. Wason）的纸牌游戏就表明心理对主体的推理影响。所以，主体的心理对群体获得公共知识以及进行协同行为会产生相应的影响。绝对意义上公共知识的获得是做了主体完美理性的强假定，一旦主体怀疑某一认知层级交互知识推理的合理性，那么公共知识将不能被获得。所以在对公共知识的弱化方面，着重思考主体的信念、偏好、概率等问题，以期更准确地把握主体的心理，才能顺利达成相对协同行为。

第四，文化和进化的逻辑认为不同民族、不同语言和不同文化背景的主体具有不同的认知模式。那么是否意味着相同的民族、相同的语言和相同文化背景的主体会具有相同的认知模式，相同的民族对相同的颜色会产生相同的心理反应呢？我国学者周章买就认为相同文化背景有助于相对公共知识的获得，他在《公共知识的逻辑分析》一书中说："弱公共信念的形成是一个归纳的过程，它是建立在过去观察的经验之上的。生活在相同文化背景之下的人们，总会在有意无意之中形成一种相互影响的氛围……在进行协调博弈时，人们总是优先考虑约定；在没有约定时，就利用文化背景提供的弱公共信念来协调行动。"[②] 可见，文化和进步逻辑中存在信息共享的相对公共知识，并以此为论据进行推理，推动民族的进步。

第五，公共知识逻辑公理系统被运用于人工智能领域，并获得长足的发展。J. 麦卡锡把公共知识应用于人工智能领域进行分析，认为公共知识是"任何傻子都知道"的知识，包括人工智能，公共知识包含的信息量是0。而 J. Y. 哈尔彭和 Y. O. 莫斯把公共知识运用到了计算机分布式系统。

① 保罗·萨迦德：《心智：认知科学导论》，朱菁、陈梦雅译，上海辞书出版社，2012，第 151 页。
② 周章买：《公共知识的逻辑分析》，中国社会科学出版社，2012，第 174 页。

他们认为在所有的知识状态中，公共知识是最强的，最强的知识能在分布式系统的推理中发挥关键的作用。比如在一个计算机并行模型中，n 个处理器共享一个公共内存。这些处理器信息都是基于公共内存的信息。因为是公共内存，所有处理器都能同时获取公共内存的信息。这样，公共内存的信息就可作为 n 个处理器的公共知识，并行计算机模型就可以保证系统的同时性，各系统将会同时获得公共知识。

第六，随着神经网络方法和网格逻辑的发展，人们发现神经元是网络式联结方式和 PDP 并行分布运算方式，网格计算技术从计算网格发展成面向全球服务的网格，更加注重如何有效地管理知识、获取新知识。F. 伯曼（F. Berman）提出了"知识网格"，[①] 他利用网格、数据挖掘、推理等技术从大量在线数据中抽取和合成知识。为了给全球网格搭建一个公共技术平台，2002 年 6 月，基于分布式计算方式的开放网格架构面世。这个开放网格平台的建立本身就是为了实现信息共享，可以看作公共知识逻辑被运用到计算机分布式系统中的现实案例。当然，现在云计算是比网格计算更为快速便捷的系统，其虚拟机的支持和镜像部署使得异构程序的执行互操作更加容易。作为最强的知识状态的公共知识在神经网络方法和网格逻辑发展中发挥着关键的作用。

四 认知动态性

主体的认知是一个动态的过程，与多主体认知息息相关的公共知识的建构也必须体现这样的动态过程。群体中的主体所拥有的知识集合包含了普遍知识、分布知识、交互知识、公共知识等。多主体知识可以被理解为协同行为相关知识的最大化。要使一个协同行为获得成功，主体仅仅依靠群体中主体自身的知识是完全不够的，还必须考虑群体中其他主体的知识。公共知识就是群体知识的特定状态，是完成协同行为的必要条件。而普遍知识、部分主体知识、交互知识、分布知识都可看作主体获得公共知识的前期储备知识，这种知识储备时刻呈现一种动态的演绎状态。它们的

---

① F. Berman et al. , "The GrADS Project: Software Support for High-Level Grid Application Devel-opment," *International Journal of High Performance Computing Applications*, 2001, 15 (4).

出现都是为了公共知识的获得做准备，或者说是为了群体协同行为的实施所做的知识累积。当然在现实生活中获得的公共知识都是相对化公共知识。

多主体的认知过程就是一个知识累积和逻辑推理的过程。多主体知识的层级结构正是对这种知识累积和逻辑推理的分解展现。从公共知识最强知识状态和作用来说，知识层级的爬升过程就是公共知识的获得过程。多主体认知就是要不断改变主体知识的状态，获得新的知识，以便于群体内主体间的沟通，达成新的协同行为。公共知识因为信息共享，知道自己和他人的认知情况，可以帮助主体提高预测他人行为和意愿的准确度，促进合作完成共同的目标。当群体中信息实现充分共享以后，主体在协作的过程中将是亲密无间的，同时公共知识也降低了群体中的学习成本，提升了创新的可能，群体效率也将大大提升。公共知识之所以如此重要，在于它是群体达成协同的前提条件，是分析群体中群体内互动的关键概念。

公共知识逻辑公理系统体现了动态认知的过程，需要对新信息进行模型化处理，说明高阶信息的变化，但是对于如何精确地刻画更新的过程仍然在不断的探索中。实际上，考虑在一场博弈中，参与者可以把某种博弈策略进行公开宣告，但是他们仍然会有所保留不会说出全部，或者是按照复杂的协议来行动。比如反复抽取一副牌，主体 a 能看到每次抽取的结果而主体 b 却不能。但是主体 b 却可以通过询问主体 a 一些问题而猜测具体是哪张牌，得出正确结论的概率取决于主体 b 采取了何种策略或协议。这种更新模式是公共知识逻辑暂时不能处理的。目前，增加公共知识的认知逻辑系统再加入概率算子后建构的模型会更加复杂，因为这个认知概率模型 M 是在已知认知模型 M 和纯概率模型 M 集合的基础上得出的。这两个模型必须拥有相同的主体集，认知模型中的可能世界集 W 是所有概率区间的定义域，纯概率模型中的世界是建立在认知模型的世界集上的先验概率分布，主体指派给世界集上的概率是建立在主体的知识上的条件化的先验概率。增加概率算子后公共知识必然是相对化的公共知识。

传统逻辑也是考虑人的因素的，要求逻辑规则适用于所有的人，为思维立法，比如亚里士多德的三段论、假言推理似乎都适用于所有人。但是这种适用是建立在主体完美理性的基础上的。在现实生活中，主体的认知状态往往会影响推理的结果。公共知识获得的前提是群体互知，主体不仅要知道现实世界的情况，还要知道群体内其他主体的认知情况，并随着其他主体认知情况的变化而做出相应的推理变化。甚至在不完全信息的情况下，主体偏好等非理性因素会影响到主体的认知状态，会使得公共知识获得必然考虑人的因素。所以，公共知识逻辑公理系统建立的主要是与认知语言、共享情境的使用者相关的理论，而不是建立必须广泛地适用于所有人的逻辑理论。

我们来做一个强假定：一个共享情境 s 是主体可通达的可能世界的一部分，主体知道在 s 中所有为真的事件，那么我们就可以认为这个共享情境 s 相对于公共知识的获得来说是必要且充分的：这个共享情境 s 使主体不仅仅能够获得公共知识，而且为公共知识的成立提供了一个背景平台。共享情境可以被认为是对如何产生公共知识进行的解释。但是，在多主体知识层级结构中，公共知识的获得是由主体认知状态的变化引起的。所以，仅仅强假定一个共享情境刻画公共知识是不够的，还需要在主体认知状态的变化、主体与行为之间的关系等方面进行动态研究，建立更为实用的认知更新模型。

第三章　多主体与多主体知识

　　人类关于知识问题的思考已经有很悠久的历史。古希腊的哲学家曾经深刻思考过人类知道什么、什么知识是可以被认知的、一个人知道什么意味着什么等问题。在中国古代哲学史上，有我们很熟悉的故事——"风动幡动"。寺外风吹幡动，两和尚辩论，一僧曰风动，一僧曰幡动，争论不休。六祖慧能大师见此断喝："不是风动，不是幡动，仁者心动。"①"仁者心动"也是关于主体认知的看法。这些都反映了中西方哲学家早已在思考人的认知问题。而且随着时代的发展，二者对人类认知的理解也逐步拓宽和深入。

　　20 世纪 50 年代到 60 年代，哲学家们开始试图对知识的推理做形式化分析，最有影响的是 J. 辛迪卡所著《知识和信念：这两个概念的逻辑导论》一书，这是第一部系统研究知识和信念问题的专著。J. 辛迪卡的主要兴趣在于用模态逻辑形式化的方法研究知识和信念的本质属性。同一时期，哲学家们对适用于知识的具体公理的选择有争论，且对知识概念有着不同理解。

　　近年来，不同学科领域（包括经济学、语言学、博弈论和计算机科学等）的研究者们再度对知识和信念产生了浓厚的兴趣。但是与 20 世纪 50 年代和 60 年代仅仅研究认知逻辑系统不同，他们对知识和信念的研究发生了很大的变化。他们关注更多的是主体、知识、信念和行为之间的关系，而且往往在实际应用的背景之下思考问题。譬如说，一个机器人为了完成一项任务需要知道什么，它知道不知道自己知道某件事情，拥有多少知识

---

　　① 《坛经》，大正新修大藏经本。

储备它才会做某件事情；一个经济学意义上的主体如何根据已有的信息做出投资的决定，他知道不知道其他主体的知识；一个数据库何时应对一个问题回答"我不知道"。这样的关注有两个突出特征。第一，他们关注的是多主体（multi-agent）的知识而不仅仅是单主体的知识。在传统形式逻辑的研究中，当逻辑学家分析知识属性的时候，往往倾向于思考单主体的情形。可是，要研究互动的交流、计算机中的不同终端之间的协助、群体之间的博弈，关键的问题在于搞清楚多主体之间是如何进行互动交流的。因此，这样的研究不同于以往认知逻辑的研究。第二，他们思考知识和信念往往与行为联系在一起。也就是说，从关注静态的知识转向了动态的认知过程，从关心"是什么"的问题转向了"如何是"的问题。研究者们开始考虑传输信息的行为，考虑什么样的言语行为可以使知识和信念产生变化。行为和知识的变化紧密地联系在了一起。这就是20世纪80年代著名的动态转向（dynamic turn）。知识和信念在我们的日常生活中扮演着非常重要的角色。事实上，我们每个人的行为都基于自己的知识和信念。行为与知识和信念之间有着密切的联系。

公共知识是多主体知识层级结构中最强的知识状态，那么什么是多主体知识、多主体知识的种类有哪些、各自有什么区别，如何建立多主体知识层级结构、层级与层级的关系是什么、公共知识在层级结构中的地位是什么，这些对公共知识的获得有什么影响、公共知识与行为之间的关系是什么：这些问题都是需要详细说明的。下面主要探讨多主体、多主体知识与公共知识之间的相互关系。

第一节 主体知识的逻辑表征

说起公共知识，首先必须了解人们对"知识"的认知。"什么是知识""主体能够知道什么样的知识"，是人们必须对知识的本质做出的思考，从古至今已经被哲学家们做出众多的回答。现在我们主要考虑"单主体知识"、"多主体知识"和"公共知识"之间的区别与联系。

主体只拥有单主体知识（也就是说主体 i 知道命题 φ）是远远不够的。人类是社会性生物，相互之间可以通过学习、沟通交流信息。处于学习、沟通交流中会涉及多个主体。这样主体所拥有的对群体内其他主体知识的认知就是多主体知识（或者称为群体知识）。

所以，主体所拥有的知识可以分为单主体知识和多主体知识。单主体知识属于低阶知识，是主体自身知识的集合；多主体知识是高阶知识，是主体对群体内其他主体知识的认知的集合。

多主体知识根据认知主体数量的不同可以分为不同种类，这些种类会因为知识覆盖面的不同而有强弱之分。如果根据多主体知识的强弱进行由弱到强的层级建构，每一层级就代表一种多主体高阶知识，层级与层级之间存在必然的联系，这种层级的爬升带来的直接结果就是改变了主体认知状态，而且处于多主体知识层级最顶端的就是公共知识。因此，公共知识是最强的知识状态。当然，此时处于最顶端的公共知识的地位并不是一成不变的，它会随着共享情境的转变，逐步成为另外一个共享情境的背景知识，开始新的知识层级建构。接下来我们从单主体知识的表征入手进行分析。

一　单主体知识的逻辑表征

单主体知识是单个主体经过劳动创造、分析总结等后天行为获取的知识的累积。"主体 i 知道 φ"是关于单个主体自身知识的表述，用逻辑符号表示为 $K_i\varphi$。

如果"主体 i 知道 φ"，那么可表明如下两种情况。

（1）在给定的时间内，单主体的认知依赖于主体自身所处情境的背景知识，而这些背景知识开始时就结合了主体观察到的所有事件的信息和根据已知信息推论到的新信息等可靠的信息。如果 $K_i\varphi$ 成立，当且仅当主体能从可靠的信息中推论出 φ。

（2）φ 是真命题。真命题必须满足以下条件：由知识公理得出的真命题，即如果 $K_i\varphi$ 为真，那么 φ 为真；协调一致的命题为真；封闭演绎的命题为真；主体自我反省的命题为真。知识公理就是如果主体 i 知道 φ，那么 φ 为真，形式化为 $K_i\varphi\to\varphi$。经典认知逻辑 S5 系统中，A1—A4 公理（知识公理、封闭演绎公理、正反省公理、负反省公理）都可成为 $K_i\varphi$ 的逻辑后承。

"主体 i 知道 φ"与"主体 i 相信 φ"不同。"主体 i 相信 φ"是主体信念的表达，用逻辑符号表示为 $B_i\varphi$。主体的知识与信念是不同的。主体的知识都为真，主体的信念却是有真假之分的。主体可能会相信真命题构成的真信念，也可能会被假命题构成的假信念所蒙蔽。二者的区别在于，真信念和假信念在社会进步和人类认知中的作用完全不同。真信念能够促进社会进步，确保主体认知的有效性，假信念则相反。

西方传统知识论者认为"知识就是得到确证的真信念"。但实际上，信念和知识是有本质区别的：如果"$K_i\varphi$"为真，那么 φ 为真，知识都是为真的命题；信念则有真假，信念被认为是一种认知态度，主体完全可以相信一个现实里为假的命题。J. 辛迪卡就认为知识和信念可以被看作主体的一种外在的概念，与主体的愿望、意图等主观态度没有关系，也就是说，要从观察者的角度来看主体知道些什么、相信些什么，但是主体的愿望、意图的偏好是一种非理性的状态，往往与主体的知识、信念相互作用，决定主体的某一行为。所以，主体想要获得知识，不仅涉及逻辑上的"真"，还涉及信念的"真"，以及主体偏好的社会性等。

认知主体只要在社会中生存，就不可避免地与其他主体进行沟通、交流、学习，获得新的知识，且随着时间的推移，自身知识会得到不断的积累，所以主体的知识状态总是在不断的改变中。一般来说，一个主体的知识状态改变从两种不同视角看待。一种是从低阶视角分析得到的低阶信息，是主体关于命题 φ 得到确证的知识或信念；另一种是从高阶视角分析得到的高阶信息，是主体考虑群体中除自身之外其他主体知识的信息。因此，主体自身背景知识中既有主体自身经过劳动创造获得的知识的累积，也有涉及关于他人知识的知识集合。第一章提到过，$\bigcup_{w\in W}\xi_i(w)$ 是主体 i 在可能世界 w 中关于命题集 Φ 的信息集合。在可能世界 w 中，如果主体 i 知道命题 φ，那么命题 φ 包含在主体 i 认知的信息集合 $\xi_i(w)$ 中。

可见，由于人类的社会性，单主体认知并不能脱离群体的影响而存在，单主体的背景知识集合也是建立在主体社会性基础上的。所以，对单主体认知的研究逐渐向对多主体认知研究方向发展。而且，逻辑学也开始研究信息获取的过程给群体认知带来的变化，以及针对这种变化进行的逻辑刻画。接下来我们对多主体知识进行分析。

二 多主体知识的逻辑表征

"群体 G 知道 φ" 表述的是多个主体对同一命题的认知。从"主体 i 知道 φ"到"群体 G 知道 φ"这是一种从单主体认知向多主体认知的表达，也是从研究主体静态认知向动态认知的发展。"群体 G 知道 φ"是多主体动态认知逻辑中的常见表述，并且已经逐步运用到人工智能、心理学、经济学等不同的领域。

人工智能专家 R. C. 穆若（R. C. Moore）认为，如果人工智能知道信息 φ，当且仅当 φ 明确地存在于人工智能存储系统的数据库（关于某些应用）的指定部位，方便人工智能迅速调取相关信息；① 博弈论者 R. J. 奥曼认为，博弈成功的关键是每个参与者对其他参与者的特征、战略空间及支付函数等信息的掌握，只有知晓和掌握了他人的信息，才能在博弈中立于不败之地；② 认知心理学家 H. H. 克拉克（H. H. Clark）和 C. R. 玛莎尔（C. R. Marshall）认为知觉就是人脑对客观事物的特定属性的心理反映，主体在知觉某一事物时，总是利用已有的知识和经验去认识它，用特定词语标识它，这无疑也是对主体认知的刻画；③ 分布式系统把相关问题分成许多任务，每个任务由一个或多个主体完成，主体必须遵循分布协议，通过信息传递、互相通信，使得不同主体间协同合作达成同一目的，这也是对群体认知和协同行为的描述。虽然这些领域对多主体认知有不同侧重的阐释，但是对群体中主体知识的描述却有异曲同工之妙，比如博弈论认为主体对其他主体知识的掌握决定了博弈的成败，心理学认为主体利用已有的知识和过去的经验去了解新的事物。这些都表明主体掌握知识，尤其是高阶知识的必要性和目的性。

那么，主体的知识有哪些？主体除了拥有自身物理世界的背景知识

① J. R. Hobbs, R. C. Moore, *Formal Theories of the Commonsense World*, New York: Greenwood Publishing Group Inc, 1985, pp. 319-358.

② R. J. Aumann, "Agreeing to Disagree," *Annals of Statistics*, 1976, 4 (6).

③ H. H. Clark, C. R. Marshall, *Definite Reference and Mutual Knowledge*, In Joshi, Webber and Sag, eds., *Elements of Discourse Understanding*, Cambridge: Cambridge University Press, 1981, p. 17.

外，还拥有关于其他主体的知识，而且主体的认知状态是不断变化的，是随着知识累积、时间流逝、行为变化而变化的。而且主体的知识有低阶和高阶之分，由低阶知识向高阶知识的认知状态的变化，是知识的适应性表征过程。可以利用可能世界语义学从认知逻辑角度分析群体知识的种类。J. Y. 哈尔彭和 Y. O. 莫斯认为多主体知识分为三个种类：普遍知识、分布知识和公共知识。实际上我们还可以根据知识的覆盖面来细分出更多多主体知识的种类。

（1）分布知识 $D_G\varphi$。$D_G\varphi$ 表示在群体 G 内，命题 φ 是群体 G 的分布知识。这里涉及的是群体内每个主体各自具有的知识。不同的主体可能会拥有不同的知识，把这些不同的知识进行汇总，经过推理分析得到的新知识就是分布知识。在双主体 A 和 B 组成的群体 G 中，如果主体 A 知道命题 φ，主体 B 知道 $\varphi\rightarrow\psi$，A 和 B 分享各自的信息，并且都具有一定的推理能力，那么 ψ 被认为是主体 A 和 B 的分布知识。ψ 存在于 A 和 B 合并信息后的逻辑后承中，形式化表示为：$K_A\varphi\wedge K_B(\varphi\rightarrow\psi)\rightarrow K_G\psi$。

根据得到 ψ 方式的不同，分布知识还会有强弱之分。比如，从 A 和 B 的知识 φ 和 $\varphi\rightarrow\psi$，根据逻辑后承关系得出 ψ，这样取主体 A 和 B 的知识的并集得到的分布知识被称为联合知识；A 和 B 经过各自的认知 K_A 和 K_B 达到含有 ψ 的共同的认知状态，这样取主体 A 和 B 知识的交集得到的分布知识被称为隐含知识。实际上，一个群体的隐含知识一定会多于联合知识。因为，如果 ψ 是联合知识，那么 ψ 一定也是隐含知识，两个主体知识并集一定属于二者知识交集；但是如果 ψ 是隐含知识，那么 ψ 不一定就是联合知识，两个主体知识的交集不一定包含于二者知识并集之中，尤其是属于通过逻辑推理得到的知识。从这一点上来说，分布知识中联合知识的知识强度要强于隐含知识。

分布知识隐藏在群体知识之中，是人们经过沟通、交流、汇总、推理、分析得到的新知识，不仅仅是知识的一脉传承，而且是知识在总量上的增加。分布知识如果在群体内公开宣告就会成为群体的公共知识；如果新知识不在群体内公开宣告只被推理者拥有，那么就会成为群体内单个主体的个人知识或部分主体的知识。那么，不论是联合知识还是隐含知识，都可以作为获得公共知识前的储备知识，是主体在获得公共知识前较低层级的知识状态，知识强度低于公共知识。

（2）部分主体知识 $S_G\varphi$。$S_G\varphi$ 表示在群体 G 中，至少存在一个主体知道命题 φ。这里涉及的是群体 G 中存在一些主体（至少一个主体）对命题 φ 的认知。因为这是为群体内的部分主体所知的知识，所以可以用 $K_i\varphi$ 的交集形式表示为：

$$S_G\varphi \equiv \bigvee_{i \in G} K_i\varphi。 \tag{3.1}$$

部分主体知识有两个特点：一是沟通和交流的参与者仅仅为群体内的部分主体，二是不经过公开宣告只为部分主体所拥有的知识。当然，如果群体内的部分主体被认为是整个群体的一个子集，$S_G\varphi$ 可以被认为是这个子集的公共知识。

部分主体知识与隐含知识有些类似，二者都是主体知识的交集，但是侧重点不同。隐含知识虽然也是主体知识的交集，但强调的是主体经过各自认知获得知识的过程；部分主体知识也是主体知识的交集，但强调的是知识只为部分主体所拥有。而且，从结果来看，隐含知识等价于部分主体知识，因为二者都是主体知识的交集。公共知识弱化后形成的变体基本上都是部分主体知识。比如公共知识弱化的变体 ε-公共知识（时间间隔公共知识），就是指在一个时间间隔 ε 内每个主体逐渐知道命题 φ，在群体内所有主体都知道 φ 前，$C_G^\varepsilon\varphi \subset S_G\varphi$ 是成立的。同样，属于公共知识的弱化变体的 ◇-公共知识（可能公共知识），是指相应的事件被保证最终为所有主体所知，在不能保证最终达到前，$C_G^\diamond\varphi \subset S_G\varphi$ 也是成立的。由此可见，$S_G\varphi$ 是主体在获得公共知识前的一种必然的动态的较低层级的认知状态，其知识强度略低于公共知识，而且更适用于现实生活中的群体行动。

（3）普遍知识 $E_G\varphi$。$E_G\varphi$ 表示在群体 G 内，每个主体都知道命题 φ。这里涉及的是群体内每个主体知道的知识。当 G＝1 时，$E_G\varphi = K_i\varphi$。多主体普遍知识可并集形式化为：$E_G\varphi \equiv \bigwedge_{i \in G} K_i\varphi$，展开表示为：$E_G\varphi \leftrightarrow K_1\varphi \wedge \cdots \wedge K_n\varphi$ （$i \in G$）。$E_G\varphi$ 和 $S_G\varphi$ 之间的不同体现在拥有知识的主体数量不同上，前者是群体中主体知识的并集，后者是部分主体知识的交集。

普遍知识可被理解为群体内每个主体的个人知识，只涉及主体认知较低层级。在涉及同时性难以保证的问题时，普遍知识可能表现为 $E^\varepsilon\varphi$，即

在 ε 个时间间隔内每个人逐渐知道 φ。这样，普遍知识也会呈现一种认知动态变化，最终的结果也会是为了获得公共知识，达成相应的协同行动。

（4）交互知识 $E_G^k\varphi$（$k \geqslant 1$）。$E_G^k\varphi$ 表示在群体 G 中，命题 φ 是交互知识。在群体 G 中，每个人知道每个人知道每个人知道……每个人知道命题 φ 为真。当 $k=1$ 时，$E_G^1\varphi = E_G\varphi$。交互知识可形式化为：$E_G^{k+1}\varphi = E_G E_G^k\varphi$（$k \geqslant 1$）。交互知识是高阶知识，涉及主体关于他人知识的知识。但是由于现实中的主体并非一直处于理性认知的状态，以及交互知识的层级无限性，其并不能总是被主体全部把握。

交互知识处于主体认知层级的较高层级，涉及的是主体对他人知识的理解和表达，作为公共知识的逻辑后承链条，只有作为理性主体进行层层推理才可能获得全部层级交互知识。但是在实际生活中主体只要理解其中的意义就够了，并没有必要进行一层一层的推理，因为无限的层级结构使得主体无法全部推理这些层级。但是，作为逻辑推理过程来说，研究这些无限层级又是有必要的。交互知识本身就体现着一种认知的动态变化。

（5）公共知识 $C_G\varphi$。$C_G\varphi$ 表示在群体 G 中，命题 φ 是群体 G 的公共知识，即某个命题为群体内每个主体知道，而且每个主体都知道每个主体都知道某个命题，每个主体都知道每个主体都知道每个主体都知道某个命题，以此类推。形式化表示为：$C_G\varphi \equiv E_G^1\varphi \wedge E_G^2\varphi \wedge \cdots \wedge E_G^n\varphi \wedge \cdots$（其中 $n \in G$）。

交互知识可以被认为是公共知识的逻辑后承链条，公共知识层级的无限性特征正是由此得来。理论上主体在现实交流的过程中需要完成这样一个无限的交互知识层级的心智推理过程才能获得公共知识，否则主体是无法得到公共知识的。我们可以对这一点进行形式化说明。

给定一个主体集 G 和可能世界集 W：

①对于主体集 G，$i \in G$，$w \in W$，在 w 可通达的可能世界中，如果命题 φ 是主体 i 的（第 1 层级）普遍知识，那么 $K_G^1(\varphi) \equiv \bigwedge_{i \in G} K_i(\varphi)$。

②对于主体集 G，$i \in G$，$w \in W$，在 w 可通达的可能世界中，如果命题 φ 是 G 的（第 n 层级）交互知识，那么 $K_G^n(\varphi) \equiv \bigwedge_{i \in G} K_i(K_G^{n-1}\varphi)$。

③对于主体集 G，$i \in G$，$w \in W$，在 w 可通达的可能世界中，如果命题 φ 是 G 的公共知识，那么 $K_G^*(\varphi) \equiv \bigwedge_{i \in G} K_G^n(\varphi)$。

$w \in K_i(\varphi)$ 表示对于主体 G 来说，命题 φ 是其在 w 可通达的所有可能世界中的第 1 层级普遍知识。

$w \in K_G^n (\varphi)$ 表示对于主体集 G 来说，命题 φ 是其在 w 可通达的所有可能世界中的第 n 层级交互知识。

$w \in K_G^* (\varphi)$ 表示对于主体集 G 来说，命题 φ 是其在 w 可通达的所有可能世界的公共知识。

在现实生活中，每一层级交互知识不是依据主体一系列实际推理的步骤出现的，而是作为公共知识层级的逻辑后承出现的。主体只需要据此得出结论，而无须在实际中一步步地推理。

因此，我们可以用可能世界语义学来描述多主体知识层级的动态的演绎状态。一个"可能世界的状态"应该是非常详细的，它表明了主体认知的过去、现在和将来，描述了每个主体所知道的和每个主体所知道的每个主体所知道的；描述了每个主体所做的，每个主体思考的每个主体所做的，以及每个主体思考的每个主体思考的每个主体所做的；指出每个主体对每个行为（不仅是在现实世界的行为，还有可能世界的行为）的利益取舍，和每个主体思考的每个主体对每个可能行为的利益取舍；等等。它不仅指出主体所知道的，而且指出主体分配给每个事件的概率，以及主体分配给每个主体分配给每个事件的概率的概率。所以，群体中的主体的认知状态，要么是主体关于事件 A 确证的低阶知识，即普遍知识；要么是该主体关于其他主体信息的高阶知识，即分布知识、交互知识或公共知识。

三　多主体知识与公共知识

通过以上对多主体知识的阐述和分析可以得出以下结论。

（1）群体中的主体所拥有的知识集合 $\xi_i (w)$ 包含了普遍知识、分布知识、第 1 层级到第 n 层级的交互知识以及最高层级的公共知识。主体的知识集合是主体在可能世界中拥有的所有低阶和高阶知识的集合。这几个多主体知识分别刻画了群体在不同认知层级上所共享的知识（见图 3-1）。

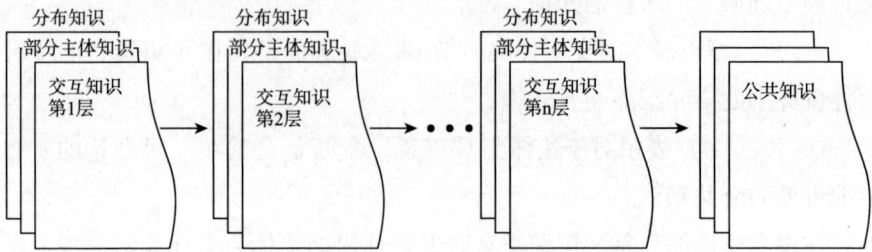

图 3-1　主体在不同层级上所共享的知识

（2）群体中的主体所拥有的这些知识，是根据群体中的主体认知的不同层级的分析得出的。群体知识可被理解为协同行为相关知识的最大化。要使一个协同行为获得成功，主体仅仅依靠自身的个体知识是完全不够的，还必须考虑到群体中其他主体的知识状态。公共知识就是群体知识的特定状态，获取群体知识的特定状态是完成协同行为的必要条件。而普遍知识、部分主体知识、交互知识、分布知识、公共知识的变体都可看作主体获得公共知识的前期储备知识，这种知识储备时刻呈现一种动态的演绎状态。它们的出现都是为了给公共知识的获得做准备，或者说是为了群体协同行为的实施所做的知识累积。

（3）公共知识是主体达成协同行为的充分必要条件。普遍知识、部分主体知识、交互知识、分布知识都是获得公共知识前的动态形式的层级知识。公共知识因为层级的无限性，在严格意义上是无法获得的，但是在现实生活中，我们可以获得公共知识的变体 $C_G^{\varepsilon}\varphi$、$C_G^{\diamond}\varphi$ 和 $C_G^{T}\varphi$ 等，这些较弱形式的知识状态能充分满足一些相应协同行动的需要。这些会在后面讲到。

（4）从可能世界语义学来看，可能世界之间的通达关系可以影响主体的知识状态，也就是说"通达"意味着主体知道些什么，"不通达"意味着主体不知道什么。不同的可能世界通达关系表示群体中主体的不同知识或知识状态。① 我们通过分析可能世界之间的通达关系可以描述主体知识的状态。假设存在两个可能世界 W_1 和 W_2：W_1 中有事件 A，事件 A 对应

---

① 主体往往由于各种主观或客观的原因只拥有此世界的部分信息。在现实情况下，主体并不是逻辑全知主体，他或她所拥有的信息都不是完全的。

的命题 φ 为真；W_2 中没有事件 A 及其对应的命题 φ。假设主体 P 身处现实世界 W_1 中，那么对主体 P 来说，存在从世界 W_1 出发可通达另一世界 W_2，在可能世界 W_1 中事件 A 和命题 φ 为真，在可能世界 W_2 中事件 A 和命题 φ 为假，但 W_1 和 W_2 这两个世界对 P 来说都是可能的。

（5）群体中的主体通过互动、沟通、交流等行为来认知，命题和行为之间可以产生不同的认知。从普遍知识向交互知识，再向公共知识转变的认知过程，是一种从已有命题获取信息，给出各项知识之间的关系，再通过行为变化获得新知识的认知过程。从个体知识到分布知识转变的认知过程，是从已有命题推理出新信息的一种新知识产生的认知过程。新知识产生的过程穿插着各种不同的认知状态和认知层级。有效地理解这种认知状态可以使沟通顺利进行。

总之，多主体认知过程就是一个知识累积的过程。多主体知识的层级结构正是对这种知识累积过程的分解展现。

第二节　多主体知识层级结构的逻辑表征

由上述可知，多主体认知过程是一个知识连续不断累积的过程。分解展现知识累积连续不断的过程可以用群体知识的层级结构来表达。群体知识和行动的交替作用的最终目的是获得足够支撑每一次协同行为的公共知识。而公共知识的获得是从非公共知识到公共知识，从已有信息推出新信息，从部分主体认知到全部主体认知的过程。普遍知识、部分主体知识、交互知识、分布知识、公共知识的变体这些非公共知识或近似公共知识，都可以看作主体获得公共知识前的储备知识。只有人类群体的社会性存在，这种知识储备时刻呈现一种动态的状态，才能在相互的演绎推理、归纳总结中，寻求一种完美状态的绝对意义上的公共知识。而多主体知识层级结构就是这种演绎、归纳的推理状态的展现，是一种以动态知识状态对公共知识状态的必然性理解。

具体来说交互知识很明显存在这样的层级结构；在群体 G 中，"每个人知道每个人知道每个人知道……每个人知道 φ 为真"，其中"每个人知道 φ 为真"表示多主体知识的第 1 个层级，"每个人知道每个人知道 φ 为真"表示多主体知识的第 2 个层级，"每个人知道每个人知道每个人知道 φ 为真"表示多主体知识的更高一个层级，这种交互知识不断出现，多主体知识的层级也会在爬升的过程中逐步提升，直至获得最终的公共知识。每一个层级代表了多主体认知的一个回合。"主体 b 知道主体 a 知道 φ 为真"，就表示主体 b 发送信息 φ 给主体 a，主体 a 接收到信息 φ，主体 a 再发送接收到信息 φ 的信息给主体 b，b 接收到信息，这代表认知的一个回合。

分布知识中的联合知识和隐含知识也有强弱之分。联合知识要强于隐含知识，隐含知识处于较低知识层级。

部分主体知识动态地展现出不同数量的主体的认知状态。隐含知识和部分主体知识都取自主体知识的交集。

在同时性不可能实现的现实情况下，普遍知识也表现出动态的认知状态。

可见，为了获得公共知识，多主体知识展现出一个完美的层级爬升状态。在每一次爬升层级的过程中，主体通过互动沟通交流等行动改变自己的知识状态。而且知识的每一层级状态，会因为接收主体的数量不同、协同执行力度不同、影响范围不同等而具有强弱之分。

其中"分布知识"是多主体知识中最弱的知识，因为它仅仅与群体中部分主体知道的知识相关，而且可能还是隐藏知识，是需要主体通过推理才能发现的知识。

"公共知识"被认为是知识层级中最强的知识，因为其必须是为群体中的所有成员都获得并严格遵守的知识，而且获得后协同行为才得以被执行。在多主体认知逻辑中，获得公共知识是一个完美协同行为被执行的重要一环。

处于二者中间的是普遍知识和交互知识，其中普遍知识是个人知识，交互知识是主体在沟通交流的过程中有限层级的心智推理过程。

那么，多主体知识的层级结构见表 3-1。

表3-1　多主体知识的层级结构表征

层级	主体知识种类	知识的形式化表征	意义解释
第1层	φ	$E_i\varphi$	φ 是主体 i 的普遍知识
第2层	$D_G\varphi$	$K_G\varphi \wedge K_G(\varphi\to\psi)\to K_G\psi$	φ 是群体 G 的分布知识
第3层	$S_G\varphi$	$\overset{\wedge}{i\in G}K_i\varphi$	φ 是群体 G 中部分主体的知识
……	……	……	……
第 n-1 层	$E_G^{n-1}\varphi$	$\overset{\wedge}{i\in G}K_i(K_G^{n-1}\varphi)$	φ 是群体 G 第 n-1 层的交互知识
第 n 层	$C_G\varphi$	$\overset{\wedge}{i\in G}K_G^n(\varphi)$	φ 是群体 G 的公共知识

　　多主体知识的层级是按照多主体知识的强弱来划分的。理论上，主体需要在推理过程中按照层级结构严格推理（特殊情况除外），第 1 层的知识最弱，依次增强，直到第 n 层的公共知识最强。在这个层级结构中，公共知识是最强的知识，交互知识次之，部分主体知识再次之，最弱的是分布知识和普遍知识。需要特别指出的是，交互知识作为公共知识的逻辑后承链条，具有层级的无限性，现实生活中主体只需要理解其逻辑过程，无须进行全部推理，所以在表 3-1 中只概括列出了第 n-1 层的交互知识。当然，交互知识的层级越高，其知识状态也就越强。这也是把交互知识纳入表 3-1 中的原因。

　　表 3-1 展现的是多主体知识的层级结构 $\varphi\subset D_G\varphi\subset S_G\varphi\subset E_G^k\varphi\subset C_G\varphi$。在这个多主体知识的层级结构表征中，较高层级的知识可以用较低层级的知识来进行形式化表达，并且主体知识取交集得到的往往是较弱的知识，取并集得到却是较强的知识。

　　然而，这些知识层级并不一定是严格划分并遵守的，它们会根据主体所处的情境不同而发生改变。

　　这里讲述一个特殊的情况：在一个计算机并行模型中，n 个处理器共享一个公共内存。这些处理器处理信息都是基于公共内存的信息。因为是公共的内存，所有处理器都能同时获取公共内存的信息。这样，公共内存的信息就可作为 n 个处理器的公共知识，并行计算机模型就可以保证同时性，公共知识将会同时获得。在计算机并行模型中，在同时性被保证的情况下，每个知识的层级都是等同的，分布知识就是普遍知识，也是交互知识，也是公共知识。而且交互知识的每一层级都是等同的。这样得到知识的层级结构也与上述层级结构不同，即 $\varphi\equiv D_G\varphi\equiv S_G\varphi\equiv E_G^k\varphi\equiv C_G\varphi$。

但是，在计算机分布式系统中，n 个处理器通过不同的互联网络被连接，且拥有各自的存储内存，与并行计算机模型完全不同，它们之间不具备同时获取公共知识的条件，即使运算速度再快，也会存在一定的时间空隙，使得处理器之间在某一时刻信息不对等。这种模式下的知识层级结构会严格遵守 $\varphi\subset D_G\varphi\subset S_G\varphi\subset E_G^k\varphi\subset C_G\varphi$。

根据多主体知识的层级结构，当主体得到分布知识时，主体可以根据分布知识做出相应的行动表达；当主体得到部分主体知识时，相关主体可以做出相应的行动表达；当主体获得公共知识时，群体 G 可以达成相应的协同行为。这样，我们可以把每个层级的知识与相应的行为联系起来，每一层级的知识被赋予一个行为表达，这个行为表达可以是一个决定的执行，或者是一个协议的制定，等等。较高层级知识对应的行为表达涵盖的主体更多、内容范围更广、执行力更强。如果主体在 $S_G\varphi$ 层级能够付诸一个行为，那么在 $D_G\varphi$ 层级却不能够做出同样的行为。所以对多主体知识来说，除了根据知识的强弱划分层级，还可以根据行为是否能够划分层级来划分层级，很明显可以得到这样的层级结构：$\varphi\subset D_G\varphi\subset S_G\varphi\subset E_G^k\varphi\subset C_G\varphi$。

我们来看"泥孩难题"这样一个典型的案例，分析孩子们知识状态的改变。"泥孩难题"假设有 k 个孩子一起玩耍，有些孩子不小心在额头上沾上了泥巴。每个孩子能看到其他孩子头上是否有泥巴，却不能看到自己的额头上是否有泥巴。孩子们之间不能相互沟通。这时，孩子的父亲告诉他们："至少有一个孩子额头上有泥巴。"然后父亲又反复询问孩子们："你们谁知道自己额头上有泥巴？"假设所有的孩子都是理性的，并且他们被要求同时回答父亲的每一次提问，那么孩子们的知识状态将会发生什么变化呢？

事实上，当父亲第（k-1）次提问"你们谁知道自己额头上有泥巴"时，所有的孩子都将回答"不能"。但当父亲第 k 次提问时，所有孩子都会回答"能"。结论是"证明"在 k 次被归纳，孩子们的知识状态在父亲第 k 次提问时发生改变，他们获得了新的公共知识。证明如下。

当 k=1 时，孩子确认只有自己是那一个额头上有泥巴的孩子，所以立刻就能回答"能"。

当 k = 2 时，假设 a 和 b 两个孩子额头上都是有泥巴的。在父亲第一次提问时，a 和 b 都回答"不能"。当 a 回答"不能"时，b 马上意识到他自己额头上是有泥巴的，因为 a 回答"能"的话，意味着自己的额头上没有泥巴。所以，当父亲第二次提问时，b 回答说"能"。同样，当 b 回答"不能"时，a 也马上意识到他自己额头上是有泥巴的，当父亲第二次提问时，他同样回答说"能"。这样，当父亲第二次提问时，a 和 b 同时回答"能"。此时，a 和 b 获得了"两人额头上都有泥巴"的公共知识。

当 k = 3 时，假设 a、b、c 三个孩子额头上都是有泥巴的。以 a 为例，当父亲第一次提问时，a 回答"不能"，因为只有 b 和 c 的额头上没有泥巴，a 才会在父亲第一次提问时回答"能"，否则都将回答"不能"。当父亲第二次提问时，a、b 和 c 仍回答说不能。第二次提问结束，孩子们都回答"不能"后，a 才意识到他的额头是有泥巴的。所以，当父亲第三次提问时，a 回答"能"。b 和 c 的推断同 a。此时，a、b 和 c 获得了"三个人额头上都有泥巴"的公共知识。

当 k = n 时，假设 n 个孩子额头上都有泥巴。如同上述 k = 3 时推理一样，父亲的每一次提问，孩子们都回答说"不能"，直到第 n 次，孩子们都会回答说"能"。"证明"在第 n 次被归纳。此时 n = k，所以"证明"在第 k 次被归纳，孩子们在父亲第 k 次提问时，知识状态发生了改变，每个孩子获得了"n 个孩子额头上都有泥巴"的新的公共知识。

前面都是假设孩子们额头上都有泥巴的情形，整个推理过程理解起来比较简单。现在我们来分析一下"泥孩难题"复杂情形下孩子们知识状态的改变。我们假设有 3 个孩子，只有 a、b 额头上有泥巴，c 额头上没有泥巴，那么孩子们的知识状态变化见表 3-2。

表 3-2　"泥孩难题"中孩子们知识状态变化的表征

层级	孩子们知识状态表征	解释
第 1 层 父亲提问前孩子们的知识状态	① "$\neg K_a p$" 表示 "a 不知道自己额头上有泥巴" ② "$\neg K_b q$" 表示 "b 不知道自己额头上有泥巴" ③ "$\neg K_c r$" 表示 "c 不知道自己额头上有泥巴"	假定： "p" 表示 "a 额头上有泥巴" "q" 表示 "b 额头上有泥巴" "r" 表示 "c 额头上有泥巴"

层级	孩子们知识状态表征	解释
	④ "K_a（q∨¬r）"表示"a 知道 b 额头上有泥巴，c 额头没有泥巴" ⑤ "K_b（p∨¬r）"表示"b 知道 a 额头上有泥巴，c 额头没有泥巴" ⑥ "K_c（p∨q）"表示"c 知道 a 和 b 额头上都有泥巴" ⑦ "$I_B\psi$"表示这个群体的隐含知识（也就是现实世界信息），即只有 a、b 额头上有泥巴，c 额头没有泥巴	"ψ"表示"只有 a、b 额头上有泥巴，c 额头上没有泥巴"（或者"p∨q∨¬r"） 其中①—③是在父亲提问前孩子们的公共知识 ⑦是孩子们的隐含知识 ④—⑥是单个主体普遍知识 这里其实还有一些部分主体知识，比如 a 和 b 知道 c 额头上没有泥巴；a 和 c 知道 b 额头上有泥巴；b 和 c 知道 a 额头上有泥巴
第 2 层 父亲做了 φ 的公开宣告后孩子们的知识状态	⑧ "［φ］$C_{\{a,b,c\}}$（T，φ）"表示父亲第一次公开宣告后得到的公共知识 φ	假设 φ 表示"至少有一个孩子额头上有泥巴"（"p∨q∨r"）。在父亲做了 φ 的公开宣告后，每个孩子都知道 φ，并且每个孩子都知道每个孩子都知道 φ，每个孩子都知道每个孩子都知道每个孩子都知道 φ，以此类推。φ 是孩子们的公共知识
第 3 层 父亲第一次提问，孩子们做出回答后的知识状态	⑨ "［φ］［¬K_ap∧¬K_bq∧¬K_cr］（$K_a\psi$∧$K_b\psi$）"表示父亲第一次提问，孩子们做出否定回答后，a、b 通过推理知道了自己额头上有泥巴 ⑩ "I_B¬$K_c\psi$"表示 c 仍然不知道真实信息	在父亲做了"你们谁知道自己头上有泥巴"的提问，且三个孩子同时宣告自己不知道之后，群体中各个主体的知识发生了很大变化。即，a、b 知道了自己额头上有泥巴。这已经接近现实世界信息了，但是还
第 4 层 父亲第二次提问，孩子们做出回答后的知识状态	⑪ "K_c¬r"表示 c 通过推理知道了自己额头上没有泥巴	存在隐含知识主体 c 不知道的信息
第 5 层 父亲第三次提问，孩子们做出肯定回答后的知识状态	⑫ "$C_{\{a,b,c\}}$ ψ"表示 ψ 成为孩子们的公共知识	在父亲做了"你们谁知道自己额头上有泥巴"的第二次提问后，a、b 回答不同于第一次的否定回答，他们会知道，因为是同时回答，c 仍然回答不知道。只有 a、b 回答了知道后，c 才能意识到自己额头上没有泥巴 在父亲做了"你们谁知道自己额头上有泥巴"的第三次提问后，孩子们同时回答知道。ψ 成为孩子们的公共知识

在这种"泥孩难题"复杂情形下，孩子们知识状态的改变是非常明显的，每一层级的知识状态会使孩子们做出相应的判断行为，进而相应的判断行为会改变孩子们当下的知识状态，这是相辅相成的。

值得注意的是，父亲的公开宣告在整个推理中有很大作用。假设 φ = "至少有一个孩子额头上有泥巴"。当 $k>1$ 时，父亲公开宣告 φ，使得 φ 成为孩子们这个群体的公共知识。事实上，如果父亲没有公开宣告 φ，即使父亲多次提问，孩子们永远也判断不出他们自己的额头上是否有泥巴，他们的回答永远是"不能"。所以，父亲通过公开宣告的方式带给孩子们有用信息。这样，在父亲公开宣告后，孩子们拥有的普遍知识、部分主体知识，连同父亲公开宣告的内容，一起构成了对孩子们有用信息的集合，帮助孩子们正确地做出接下来的判断和行为，直至得出最后的结论。

那么，这些多主体知识在整个推理过程中到底给孩子们的知识状态带来什么样的具体变化呢？在传统"泥孩难题"中，父亲公开宣告后经过前 $k-1$ 次提问，孩子们会同时回答"不能"，但是在经过第 k 次提问后，孩子们却回答"能"。从"不能"到"能"经过了 $k-1$ 层级多主体知识的累积，最后获得了新的公共知识。所以，公共知识的获得不仅表示主体知识状态的改变，还预示着主体能够达成一定的协同行为，即孩子们全部都做出了一致的判断和肯定的回答。所以，这些多主体层级知识改变了孩子们从 $E^{k-1}\varphi$ 到 $E^k\varphi$ 的知识状态，对于所有孩子们来说 $E^k\varphi$ 成立，$C^k\psi$ 也就成立。当然，如果父亲没有公开宣告，第 2 层级出现知识断层，φ 不会成立，也会导致整个推理的失败，公共知识 ψ 就不能获得。而且任何一个层级出现知识断层，都将使推理的难度增加，甚至使其无法进行下去。

第三节　层级结构与公共知识

多主体知识层级结构表征展现出主体知识状态的变化和主体行为之间的关系相辅相成。

第一，除非能够解决同时性问题，否则多主体认知必须遵循这样的多主体知识层级结构：$D_G\varphi \subset S_G\varphi \subset E_G^k\varphi \subset C_G\varphi$。

第二，每一层级的知识都可以被赋予一个行为表达，这个行为表达对应的是一个决定的执行或者是协议的制定等。较高层级知识对应的行为表达涵盖的主体更多、内容范围更广、执行力更强。随着层级的不断爬升，主体会得到相应的认知和做出相应的行为。

第三，在知识层级的爬升的过程中，会有一些公共知识加入成为多主体知识之一，比如"泥孩难题"中父亲公开宣告的内容，虽然这些公共知识不是群体推理的最终目的或行为达成，但是都会作为储备知识，随着层级的不断爬升，使得群体隐含知识最终完全变为群体的公共知识，与现实世界信息相一致。从某种意义上说，知识层级的爬升过程就是公共知识的获得过程。

第四，多主体知识每爬升一个层级，就意味着主体改变一次知识状态。主体每改变一次知识状态，就意味着一个行为表达的执行。在一个共享情境中，多主体知识状态改变的最终结果是公共知识的获得，以及协同行为的达成。如果知识层级不够完美，发生断层，就可能导致推理难度增加或推理失败。

第五，在多主体知识层级爬升过程中，每个主体的知识在每一层级中都会发生知识状态的改变，但并不是同时发生相同的变化，[①] 有的主体知识增加了，有的主体知识却没有增加。主体根据先前储备知识进行推理，才能决定变化的状态。但是在多主体知识层级的最高层，每个主体知识状态变化是相同的，每个主体都获得了同一个公共知识，每一个主体都采取同样的行动，也就是说每个主体都获得了相对等的利益。

第六，以某个推理为最终目的的多主体知识层级爬升并不是认知的终点，它所获得的公共知识可以作为下一个知识层级爬升的储备知识，继续改变群体的认知状态，以期获得新的公共知识，达成新的协同行为。这是从一个共享情境过渡到另一个共享情境的过程。

总之，多主体知识状态的改变和多主体行为之间是相辅相成的，这些在多主体知识层级结构的表征中已经完美体现。公共知识处于多主体知识层级结构的顶端，作为多主体知识最强的知识状态，公共知识的获得预示着群体能够达成协同行为，每个主体都能够获得相对等的利益。分布知

---

① 可能有部分主体知识增加了，部分主体知识仍然没有改变情况的存在。

识、部分主体知识、普遍知识、交互知识等较低层级的多主体知识都可以作为主体获得公共知识前的动态的储备知识。

我们根据多主体知识的强弱建立了多主体知识的层级结构，以此来分析多主体知识每一层级的特点、层级与层级之间的关系、层级认知的最终目的，研究层级知识对多主体认知和行为的影响。每一知识层级爬升的直接结果就是改变主体的认知状态。在每一次层级爬升过程中必定会产生认知状态的变化和对应行为的表达。这种知识层级的爬升是不断进行的，一次爬升的终点是另一次爬升的起点。

多主体认知过程就是一个知识累积和逻辑推理的过程。多主体知识的层级结构正是对这种知识累积和逻辑推理的分解展现。而且从某种意义上说，知识层级的爬升过程就是公共知识的获得过程。多主体认知就是要不断改变多主体知识的状态，获得新的知识，便于群体内主体间的沟通，达成新的协同行为，这也是一个动态演绎的适应性表征过程。而公共知识之所以如此重要，在于它是多主体达成协议的前提条件，是分析群体中各个主体之间的互动行为的关键概念。

第四章 多主体、多主体知识与多主体行为

在分析了多主体与多主体知识之间的关系后，我们来看多主体、多主体知识、多主体行为在特定情境中的密切联系。如果用"$does_i$（a）"表示主体 i 执行行为 a，"$k_i\varphi$"表示主体 i 知道事实 φ，那么主体 i、事实 φ、行为 a 之间就存在这样的关系：如果事实 φ 是"$does_i$（a）"的必要条件，那么"$k_i\varphi$"也是"$does_i$（a）"的必要条件。这个关系被 Y. O. 莫斯称为知识先决条件原则（the knowledge of preconditions principle），简称 KOP。KOP 不仅适用于单个主体、知识与行为之间的关系，同样可以用来描述多主体认知系统中主体、知识以及其行为之间的关系。我们可以据此来刻画不同的多主体、知识与群体行为之间，比如公共知识与协同行为之间的逻辑关系。

第一节 多主体认知系统模型

本章借鉴了 R. 范根等建构多主体认知系统模型的方法。先来设定一些参数。

一个全局状态是在给定时间对整个系统的"全局瞬时快照"，用"δ"表示。

时间描述主体行为的具体时刻，与全局状态对应，用自然数 n = $\{0, 1, 2, \cdots\}$ 表示。

一个运行是一个函数 r：N→δ，即将一个全局状态与每一具体时刻联

系起来。r（0）表示运行的初始全局状态，r（1）是运行的下一时刻全局状态，以此类推。

一个运行集就是所有运行状态的集合，用 R 表示。

相同的全局状态可能会在不同运行中出现，也可能会在同一运行中多次重复出现。

局部状态包含主体在决定执行某一行为时可能运用的所有局部信息，比如在给定节点主体记忆的完整内容，再比如迄今为止主体观察到的相关事件的完整序列，主体拥有的知识取决于实际运用。

我们假设对每个主体来说一个全局状态决定一个局部状态，用 r_i（t）表示主体 i 在全局状态 r（t）中的局部状态。那么，主体集 P = {1, …, n} 的全局状态形式化为 r（t）= <r_e（t），r_1（t），…，r_n（t）>，其中 r_e（t）表示情境局部状态，可以是一组"历史"事件的表达。

对于运行集 R 在某一节点（r, t）事实 φ 或 k_iφ 的真值状态，用命题逻辑来表达。给定命题集 Φ 和主体集 P = {1, …, n}，定义多主体认知系统认知语言 L_n^k（Φ）通过否定符号"￢"和合取符号"∧"等，以及认知算子 K_i（i∈P）来闭合 Φ。如果 p, q∈Φ 是原子命题，i, j∈P，那么 ￢K_iφ∧$K_j K_i K_i$￢K_iφ 是 L_n^k（Φ）的一个公式（可以忽略"（Φ）"，称 L_n^k 为多主体认知系统认知语言）。

在多主体认知系统中，现实世界中的事实以及主体所拥有的知识从一个节点到下一个节点是动态变化的。一个节点是一个二元组合（r, t）∈ R×N，表示运行 r 对应时间 t。Pts（R）△ = R×N 表示运行集 R 的节点集。运行集 R 中的原始命题集 Φ 的真值也是一个二元组合（R, π），包括运行集 R 和 Φ 在 Pts（R）节点集上的真值解释 π，π：Φ×Pts（R）→ {T, F}。若 π（p,（r, t））= T，那么命题 p 在（r, t）节点为真，反之为假，具体取决于实际应用。

假设命题集 Φ 包含形式为 $does_i$（a）和 did_i（a）两个命题（i∈P）。在这个假设下，在给定时间节点（r, t）所执行的行为由运行 r 决定。那么，$does_i$（a）和 did_i（a）命题的真值解释 π 表示如下。

π（$does_i$（a），（r, t））= T，当且仅当主体 i 在（r, t）节点执行行为 a。

π （did_i （a），（r，t））= T，当且仅当 π （$does_i$ （a），（r，t'））= T 成立（t'≤t）。

假设全局状态 r（t）中的情境局部状态 r_e（t）是一组"历史"事件 h，它记录了所有主体在时间 0，1，…，t-1 执行的所有行为。所以 h 是一个涵盖行为、主体、时间的三元组合<a，i，t>（表示在时间 t 主体 i 执行行为 a）。h 中的时间 t 单调增长，如果在时间 t'（t'<t），主体 i 能够在节点（r，t'）执行行为 a，那么<a，i，t'>必然包含在"历史"事件 h 中。

多主体认知模型遵循克里普克可能世界语义学方法。如果两个节点的局部状态相同，即 r_i（t）= r'_i（t'），那么对主体 i 来说（r，t）和（r'，t'）两个节点是不可分辨的。用"$\overset{i}{\approx}$"表示主体对两个节点不可分辨，即（r，t）$\overset{i}{\approx}$（r'，t'）。

在运行集 R 的节点（r，t）中：

如果（R，r，t）⊨φ，当且仅当（R，r，t）∈π（φ）。

如果（R，r，t）⊨¬φ，当且仅当（R，r，t）∉π（φ）。

如果（R，r，t）⊨φ∧ψ，当且仅当（R，r，t）⊨φ，并且（R，r，t）⊨ψ。

如果（r'，t'）$\overset{i}{\approx}$（r，t），当且仅当（R，r，t）⊨$K_i\varphi$，（R，r'，t'）⊨φ。

如果（R，r，t）⊨φ，意味着 φ 在运行集 R 中有效，即 R ⊨φ。如果在运行集 R 中 φ→ψ 有效，意味着在运行集 R 中 φ 有效地表达了 ψ。每个包含认知算子 K_i 的公式都满足 S5 公理系统，特别是满足知识公理，即 $K_i\varphi$→φ 在系统中有效。

对于每个运行集 R 都有相对应的克里普克结构 M_R = （S_R，π，1…n）（n 个主体），S_R=Pts（R）。如果（R，r，t）⊨φ，当且仅当（M_R，（r，t））⊨φ，其中（r，t）∈Pts（R）= S_R，φ∈L_n^k（Φ）。

运行集在空间上囊括所有可能的运行节点，可以决定事实的真值。比如存在两个运行集 R 和 R'。在运行集 R 的一个运行 r 中，主体 p 在时间 t_1 向 q 发送一个消息，主体 q 在时间 t_2 接收到这个消息；但是在运行 r' 中却存在可能丢失信息的情况，或者说存在可能需要花费超过一个时间步长来传递消息的糟糕情况（r，r'∈R）。从主体 p 的角度来看，在运行 r' 中，p 并不能确定他的消息在时间 t_2 能被 q 接收到，所以 p 不能分辨出 r' 与 r 两个运行。但是在另一个运行集 R′中，也包含相同的一个运行 r，且在这个运行中消息总是被可靠地准确地传递，那么在运行集 R′中，对于（R′，r，t_2），p 总是会在时间 t_2 知道他的消息已经被 q 接收到，这是与在运行集 R 中不同的真值体现。

所以，主体的认知依赖于运行集，这就使得主体必须遵循相关协议，但主体却可以不以任何方式涉及相关专业术语知识，就认为自己知道这个知识。比如，在一个台灯和它的开关装置组成的非常简单的运行集中，主体需要遵循的协议是：开关装置处于"ON"状态，灯会亮；开关装置处于"OFF"状态，灯会灭。主体将知道什么，取决于运行集中运行的可能状态。如果在运行集 R′中，存在一个灯泡坏了的运行状态，即使开关装置在"ON"状态下，灯也不会亮。但是如果在运行集 R 的所有运行中，灯泡、电池、电源线和开关装置总是处于正常状态，那么在"ON"状态下灯会亮。在大多数正常情况下，我们可以认为主体知识足以支撑主体做出相关决策，只有在类似于灯泡坏了这样的糟糕情况下，主体才会需要知道其他事实以做出判断。

第二节　知识先决条件原则

如果一个特定的事实 φ 是一个主体执行某个动作 a 的必要条件，那么该主体实际上必须知道 φ 才能行动，知道 φ 也是执行动作 a 的必要条件。假设 φ 是 R 中 $does_i$（a）的一个必要条件，如果（R，r，t）⊨ $does_i$（a）成立，当且仅当（R，r，t）⊨ K_iφ。

如前所述，局部状态包含主体在决定执行某一行为时可能运用到所有局部信息。如果主体有完美记忆，那么记忆中的所有事件都将成为局部状态。既然知识是基于主体的局部状态，那么带有认知算子的事实（K_iφ）也可以构成局部状态中的一个事实，即如果 R ⊨（φ⇒K_iφ），那么 φ 是 R 中主体 i 知道的一个事实。

在运行集 R 中，如果主体 i 的局部状态决定了 i 必然执行行为 a，那么a 就是 i 的自觉行为。如果在 R 中的两个节点（r，t）和（r′，t′）的局部状态相同，那么（R，r，t）⊨ $does_i$（a），且（R，r′，t′）⊨ $does_i$（a）。假设主体 i 遵循一个既定的协议，那么对于给定任意节点的行为，既定协议都是其对应局部状态的函数。比如主体 i 总是以每一个时间步长行动，"以每一个时间步长行动"作为既定协议，那么他的所有行为都是自觉行为。自觉行为是由主体的局部状态决定的，如果在 R 中 a 是 i 的自觉行为，$(R, r, t) \models does_i(a)$ 成立，当且仅当 $(R, r, t) \models K_i does_i(a)$，$(r, t) \in Pts(R)$。

定理 （KOP 定理）如果 a 是 R 中主体 i 的一个自觉行为，φ 是 R 中 $does_i(a)$ 的必要条件，那么 $K_i \varphi$ 也是 R 中 $does_i(a)$ 的必要条件。

利用反证法证明。假设 $K_i \varphi$ 不是 $does_i(a)$ 的必要条件，存在一个节点 (r, t) 使得 $(R, r, t) \models does_i(a)$，但推不出 φ；存在一个节点 (r', t') 使得 $(r', t') \overset{i}{\approx} (r, t)$ 且 (R, r', t') 推不出 φ。既然 a 是 i 的一个自觉行为，并且 $(R, r, t) \models does_i(a)$ 成立，那么 $(R, r, t) \models K_i does_i(a)$ 成立。由 $(r', t') \overset{i}{\approx} (r, t)$ 得出 $(R, r', t') \models does_i(a)$ 成立。根据前提中 φ 是 $does_i(a)$ 的必要条件，得出 $(R, r', t') \models \varphi$。这与刚才 (R, r', t') 推不出 φ 的假设前提条件是相互矛盾的，所以，假设 "$K_i \varphi$ 不是 $does_i(a)$ 的必要条件"不成立。如果 φ 是 R 中 $does_i(a)$ 的必要条件，那么 $K_i \varphi$ 也是 R 中 $does_i(a)$ 的必要条件。

这则定理适用于多主体认知系统，不依赖于时间假定、系统的拓扑结构，也不依赖于主体所执行行为的性质，只要主体知道必要条件就可以执行相对应的行为。对于自觉行为的每个必要条件，知道这个条件成立也是一个必要条件。

第三节　主体认知与行为

KOP 中事实 φ 的成立是 "$does_i(a)$" 的必要条件，对于这里的"必要条件"的解释，需要强调一下：如果 φ 是 $does_i(a)$ 的必要条件，当且仅当主体 i 即使在不知道 φ 的情况下也会执行行为 $does_i(a)$。用可能世界语义学来说就是存在一个 φ 为假的可能世界，主体 i 无法分辨这个可能世界与现实世界，但是主体在这个可能世界中仍然能够在不知道 "φ 是 $does_i$

（a）的必要条件"的情况下执行行为 a。

"必要条件"在分布式系统中体现在：如果主体在某一时间节点上执行某个行为，他也可以在另一个无法区分的时间节点执行相同的行为。分布式系统中的大多数任务都是通过规范来描述的，这些规范通常不会明确限定主体必须拥有的知识范围，但却强加了执行行为的前提条件。也就是说，KOP 作用于任务本身，而不是作用于如何实现这个任务的方法，任何执行特定任务的主体都必须确保在采取行动时务必知道先决条件，主体虽然不能明确地用相关知识术语来解释任务，但是只要主体知道执行行为的知识先决条件就能够执行相应行为。所以，分布式系统中任务的成功实施至少满足两个方面要求：一个是确保行动的先决条件为真，另一个是确保主体知道行动的先决条件。

除了分布式系统，KOP 还运用于多主体认知系统。比如在某个国家健全的法律体系中，"被关进监狱"这一行为的发生需要满足这样一个前提条件：嫌疑人只有犯了某一罪行才会因此被关进监狱。根据 KOP，法官必须知道嫌疑人犯下这一罪行才能把他关进监狱。也就是说，法律条款等规范暗示了知识先决条件，并且这些先决条件使得行为"被关进监狱"与可能世界的事实"罪行确凿"相关联。在多主体认知系统中，主体认知还可以产生时间序列行为。比如，假设主体 A 要执行行为 a，当且仅当主体 B 至少提前 1 个时间步长执行行为 β。那么在 A 执行行为 a 之前，需要知道至少在 1 个时间步长前 B 执行了行为 β。如果事实 φ 是执行 β 的一个必要条件，那么当 A 行动的时候，他必须知道主体 B 在 1 个时间步长之前就知道 φ，也就是说 A 必须知道 B 知道 φ 是行为 β 的一个必要条件。可见，根据 KOP，多主体认知行动的执行需要相应的嵌套知识作为必要条件。我们可以通过建立多主体认知模型来详细了解多主体、多主体知识、多主体行为之间的关系。

第四节　公共知识与协同行为

多主体认知系统语言 L_n^k 包含的公式中，认识算子可以嵌套到任意有限的深度。比如在一个群体中，如果每个人都知道每个人都知道事实 φ，每个人都知道每个人都知道每个人都知道事实 φ，……直到任意有限深度，那么这个事实 φ 就是这个群体的公共知识。公共知识超过任意嵌套公式，是多主体知识种类中最强的知识状态。事实 φ 是群体 G 的公共知识用 $C_G\varphi$ 表示，即 $(R, r, t) \vDash C_G\varphi$，当且仅当 $(R, r, t) \vDash K_1 K_2, \cdots, K_i\varphi$，其中 $<1, 2, \cdots, i> \in G^i$，$i \geq 1$。

公共知识的定义起源于 D. 刘易斯，在博弈系统、分布式系统、多主体认知系统、计算机系统中扮演着重要的角色。公共知识中暗含了普遍知识 $K_i\varphi$，它的知识状态强于其他多主体知识。所以主体要想获得公共知识就需要大量的事实来支撑，需要得到所涉主体的同时性的认知，无疑这是需要主体付出很高的推理和记忆成本的。

$C_G\varphi$ 能否以一个合理的成本获得，或者说能否在利益相互纠结的情境中获得，是很多逻辑学家需要思考的问题。而且，有一些行为是以获得公共知识为必然条件才得以执行的，比如协同行为。

如果一些行为被主体同时执行，或者说一旦一个行为被执行，其他行为都会被要求同时执行，那么在运行集 R 中这些被同时执行的行为就是协同行为。

在运行集 R 中，如果 $does_i(a_i)$ 是 $does_j(a_j)$（$i, j \in G$）的一个必要条件，那么一系列行为 $A = \{a_i\}$（$i \in G$）就是协同行为。根据 KOP 定理，在 A 中一个行为被执行的必要条件是知道其他行为也会同时被执行的嵌套知识，也就是说执行协同行为，主体必须获得相应的公共知识。如果 $(R, r, t) \vDash does_i(a)$ 成立，那么 G 中的其他主体必须执行协同行为 a，以确保 i 在节点 (r, t) 执行行为 a。

假设每个行为 $a_i \in A$ 在 R 中是主体 i 的自觉行为。如果 φ 是主体 i 执行 $does_i(a_i)$ 的必要条件，那么 $C_G\varphi$ 是 $does_j(a_j)$ 的必要条件（$j \in G$）。

证明：在 R 中，a_i，$a_j \in A$ 分别为主体 i 和 j 的行为，$R \vDash does_i(a_i) \Rightarrow \varphi$。根据协同行为定义得出 $R \vDash does_j(a_j) \Rightarrow does_i(a_i)$。如果 $(R, r, t) \vDash does_j(a_j)$，那么 $(R, r, t) \vDash does_i(a_i)$；因为 $R \vDash does_i(a_i) \Rightarrow \varphi$，那么 $(R, r, t) \vDash \varphi$。因为 $(R, r, t) \vDash does_j(a_j)$，且 $(R, r, t) \vDash \varphi$，

那么 φ 是 does_j（a_j）的必要条件。

因为 φ 是 does_i（a_i）的必要条件，通过归纳推理，$K_1K_2\cdots K_n\varphi$（$n\geq 0$）是 does_j（a_j）的必要条件。因此，（R，r，t）$\vDash\text{does}_j$（a_j）暗含了（R，r，t）$\vDash C_G\varphi$，$C_G\varphi$ 是 does_j（a_j）的必要条件。归纳推理如下。

假设 $n=0$，在这种情况下，如果 φ 是 does_i（a_i）的必要条件，那么 φ 也是 does_j（a_j）的必要条件。

假设 $n\geq 1$，$j\in G$，主体序列 $<1，2，\cdots，n>\in G^n$。如果 a_1 是主体 1 的一个自觉行为，获得 $K_1\varphi$ 是 does_1（a_1）的必要条件，同理 $K_1K_2\cdots K_n\varphi$ 也是 does_j（a_j）的必要条件。

协同行为在实际生活和工作中是普遍存在的，比如共享数据库的同步改变，再比如群体的一次公开宣告，等等。执行协同行为的要求是非常严格的，群体中每一个主体都必须同时接收到信息才能行动。比如射击的例子，所涉主体必须接收到 go（发射）的特定信息才能同时执行一个射击的行为 fire_i。解决射击问题必须首先获得已接收到 go 信息的公共知识 $C_G\varphi_{go}$。所以 $C_G\varphi_{go}$ 是所有 fire_i 行为执行的一个必要条件。

在多主体认知系统中，获得这样的公共知识可能会产生巨大的成本，甚至是不可能获得的。但是，除非득到 $C_G\varphi_{go}$，否则协同行为不可能被执行。所以，在现实世界中，协同行为会被执行是因为主体获得的是公共知识的变体（相对较弱的公共知识），比如可能公共知识、时间戳公共知识。

我们把主体执行协同行为的节点设定为三种类型（r，t_0）、（r，t_s）、（r，t_n）。在节点（r，t_0），主体在 t_0 时间一开始就获得了公共知识 $C_G\varphi$ 从而执行协同行为；在节点（r，t_s），主体设定了时间戳，只要到特定时间 t_s，就可以获得公共知识 $C_G\varphi$ 从而执行协同行为；在节点（r，t_n），主体不受时间的限制，最终会获得公共知识 $C_G\varphi$，可能会执行协同行为。

（r，t_0）所在的局部状态必然包含沟通渠道的完美有效性、时间的同时性以及主体的逻辑理性，这基本上是理想的状态。（r，t_s）所在的局部状态在现实生活中是最为常见的，比如签订一份施工合同，规定在阶段 1 必须完成 1 号楼的厂房建设，在阶段 2 必须完成园区的美化。到了阶段 1 的最终规定时间，所涉主体都会知道 1 号楼已经竣工，并将进入阶段 2 的施工。这就是分布式系统中每个任务节点的衔接，也是时间戳公共知识在现实中的运用，以及类似协同行为的执行。（r, t_n）所在的局部状态不受时间的限制，主体最终会获得公共知识，但不清楚具体的时间，这就为公共知识的获得带来了模态性。所以可能公共知识是群体中大多数主体可能获得的知识，相对应的协同行为也为大多数主体所执行。

所以，在现实生活中，主体可能只是获得了相对较弱的公共知识，所执行的也是类似协同行为的行为（下文中我们把这种行为称为"相对协同行为"）。

第五节　多主体知识与时间序列行为

执行某行为需要多主体知道其必要条件的知识，执行协同行为需要多主体知道其必要条件的公共知识。那么执行时间序列行为，同样需要主体知道其必要条件的嵌套知识。公共知识属于特殊的嵌套知识。我们需要进一步扩展知识状态和行为之间的关系。

在 R 中存在一组行为<a_1, …, a_k>，（主体 1…k），如果 did_{i-1}（a_{i-1}）是 $does_i$（a_i）的必要条件，那么这组行为就是线性有序的，被称为时间序列行为。用 t_i 表示在 r 运行中执行行为 a_i 的时间，那么在 t_{i-1}（$t_{i-1} \leq t_i$）对应的行为必须被执行，行为 a_i 才会被执行。

如果在 R 中事实 φ 过去为真，现在依然为真，那么 φ 就是一个稳定持久的事实。如果（R, r, t）$\models \varphi$，那么（R, r, t'）$\models \varphi$（t'>t），$r \in R$ 和 t，t'$\geq$0。所以，虽然 $does_i$（a）并不是一个稳定持久的事实，但是 did_i（a）却总是一个稳定持久的事实。

假设在 R 中一组行为<a_1, …, a_k>是时间序列行为，那么 R $\models$（did_i(a_i）$\Rightarrow$ did_{i-1}（a_{i-1}））（$2 \leq i \leq k$）。

证明：一组行为序列<a_1, …, a_k>在 R 中是时间序列行为，表明 did_{i-1}（a_{i-1}）是 $does_i$（a_i）的必要条件，并且（R, r, t'）$\models did_{i-1}$（a_{i-1}）（t'$\leq$t）。既然 did_{i-1}（a_{i-1}）是一个稳定持久的事实，那么（R, r, t）$\models did_{i-1}$（a_{i-1}）成立。

如果在 R 中事实 $k_i\varphi$ 是稳定持久的，那么主体 i 必须一直知道 φ。这建立在主体完美记忆的强假定基础上，假设主体拥有完美记忆，记得他们涉及的所有事件。完美记忆强假定需要主体拥有大量的认知存储空间才能实现。

对于时间序列行为和嵌套知识关系，我们可以做如下假设。

在 R 中，一组时间序列行为 $<a_1, \cdots, a_k>$。

在 R 中，对于每个主体 i（i = 1, $\cdots$, k）来说 did_i（a_i）是持久稳定的事实。

在 R 中，a_i 是主体 i 的一个有意识行为。

在 R 中，φ 是第一次行为 does_1（a_1）的一个持久稳定的必要条件。

那么，在 R 中，$k_i k_{i-1} \cdots k_1 \varphi$ 是第 i 次行为 does_i（a_i）的必要条件（i ⩽ k）。

证明：假设 i = 1，（R, r, t）$\vDash$ did_1（a_1），那么（R, r, t）$\vDash$ $K_1 \mathrm{did}_1$（a_1）。由 $(r', t')^1_{\approx}$（r, t）得出（R, r', t'）$\vDash$ did_1（a_1）。由 $t'' \leqslant t'$ 得出（R, r', t''）$\vDash$ does_1（a_1）。由 φ 是 does_1（a_1）的一个必要条件得出（R, r', t''）$\vDash$ φ。由 φ 是稳定持久事实，且 $t'' \leqslant t$，得出（R, r', t'）$\vDash$ φ。根据 KOP 定理，（R, r', t'）$\vDash$ $K_1 \varphi$。由 $(r', t')^1_{\approx}$（r, t）得出（R, r, t）$\vDash$ $K_1 \varphi$。同理，假设 i > 1，通过归纳方法可以得出：

$$(R, r, t) \vDash k_i k_{i-1} \cdots k_1 \varphi \tag{4.1}$$

假设群体内为了执行一个时间序列行为 $<a_1 \cdots a_k>$，有一个时间效率的协议，其对应一个外部生成的触发信息 φ。φ 是执行行为 a_i 的一个必要条件，保持沟通渠道完美有效，当 $k_i k_{i-1} \cdots k_1 \varphi$ 第一次成立时，主体 i（i ⩽ k）在时间 t_i 执行行为 a_i，（R, r, t_i）$\vDash$ $k_i k_{i-1} \cdots k_1 \varphi$；行为 a_{i-1} 在时间 t_{i-1} 被执行，（R, r, t_{i-1}）$\vDash$ $k_{i-1} \cdots k_1 \varphi$ 成立，主体的行为是按照线性时间顺序执行的，且所有的行为都不能被提前执行。嵌套知识是时间序列行为的必要条件。

每个时间戳对应一个时间序列行为，只有在特定时间获得相应的嵌套知识，对应的时间序列行为才会被执行，这在分布式系统中得到了很好的运用，同时也被运用到经济决策、人工智能、多人博弈中。

所以，公共知识是协同行为的必要条件，嵌套知识是时间序列行为的必要条件。公共知识也是特殊嵌套知识。K. 钱迪（K. Chandy）和 J. 米斯拉

(J. Misra) 认为在分布式系统的异步沟通渠道中，如果（R，r，t）$\models \neg \varphi$，且（R，r，t'）$\models k_i k_{i-1} \cdots k_1 \varphi$（t'>t），那么在运行 r 中的时间 t 和 t'之间必然有一个信息链条，按照主体 1、2，$\cdots$，i 的顺序传递。时间序列行为就是通过这样的信息链条来达成的。

KOP 定理的意义在于将重点放在研究多主体系统中简单的必要条件推出认知和行为的关系。但是，往往这些必要条件与时间、沟通渠道、主体认知能力、多主体行为有着莫大的关系。因此，为了准确地执行协同行为，需要一种机制来确保主体获得必要条件的知识，并确保他们知道他们拥有这些知识。所以，接下来，研究最强知识状态公共知识获得、弱化，以及相对协同行为的达成，沟通渠道的非完美有效等问题在多主体认知系统中的解决方法将是非常重要的。我们甚至可以引入更多的认知算子，比如信念算子等，来解决公共知识的弱化问题。

第五章 相对公共知识的获得

公共知识是多主体知识，是群体成员每个人都知道的知识，每个人都知道每个人都知道的知识，等等，所以公共知识存在层级的无限性。这就需要主体必须有超强持久的逻辑推理能力和记忆力，使得每一层级的交互知识的推理顺利进行而不间断。实际上这对于现实生活中的人们来说是难以做到的。主体由于自身理性的有限性，并不能保证在无限的逻辑推理链条中总是保持理性思考。那么，主体是不是就不能获得公共知识呢？或者说主体是不是就不能获得足以支撑协同行为的公共知识呢？博弈双方是否就无法获得相对等的利益呢？公司决策时是否就无法达成统一的意见呢？

实际上，在现实生活中，公司仍然能够进行决策，博弈仍然能够成功，只是我们获得的不是绝对意义上的公共知识，而是相对意义上的公共知识。这些相对意义上的公共知识，指的是通过各种方式方法将公共知识进行弱化后得到的新概念的集合，我们将这些新概念称为"相对公共知识"。

所以，我们需要探讨公共知识不能获得的原因、公共知识弱化的途径以及弱化必须遵循的原则，以期获得"相对公共知识"。

第一节 公共知识悖论产生的原因

一个事件是公共知识①，当且仅当每个主体都知道此事件，每个主体都知道每个主体都知道此事件，每个主体都知道每个主体都知道每个主体都知道此事件，以此类推。其形式化表征为 $C_G\varphi$。如果 φ 是 E_C^k-知识，并

---

① 在本章中，我们提到的"公共知识"都是指绝对意义上的公共知识。

且 k≥1，那么 φ 是群体 G 的公共知识。

$$C_G\varphi = E_G^1\varphi \wedge E_G^2\varphi \wedge \cdots \wedge E_G^k\varphi \wedge \cdots (其中\ G \in N, k \in N) \tag{5.1}$$

公共知识本身依托于无限的层级迭代推理，如果缺少任一层级的推理，理论上将不会获得公共知识，这是由公共知识本身的特征决定的。然而，现实中群体仍然能够执行协同行为，这说明群体是能够获得协同行为的必要条件——公共知识的。这里很明显存在理论与现实之间的矛盾。

接下来，我们将通过著名案例"泥孩难题"的情境设定，来分析绝对意义上的公共知识无法获得的原因。

为了使"泥孩难题"有解，让推理顺利进行，逻辑学家给"泥孩难题"（文中都是以假设有三个孩子为例）设定了特定情境。

（1）对主体的情境设定：假定所有孩子都是理性的。每个孩子相互都能看到其他孩子额头上是否有泥点，也就是说每个孩子都知道其他主体的信息，只是不能判断自己的信息。孩子们的目的是判断出自己的信息。每个孩子被要求相互之间不能沟通交流，且必须在父亲每一次提问后同时做出回答（见表5-1）。

表 5-1 "泥孩难题"中对主体的情境设定

假定	情境设定描述
①"p"表示"a额头上有泥巴" ②"q"表示"b额头上有泥巴" ③"r"表示"c额头上有泥巴"	①假定所有孩子们都是理性的 ②a可以看到b和c额头上是否有泥巴 ③b可以看到a和c额头上是否有泥巴 ④c可以看到a和b额头上是否有泥巴 ⑤a不知道自己额头上是否有泥巴 ⑥b不知道自己额头上是否有泥巴 ⑦c不知道自己额头上是否有泥巴 ⑧父亲的公开宣告成为公共知识 ⑨群体的隐含知识，也就是现实世界信息，即只有a、b额头上有泥巴，c额头上没有泥巴 ⑩a、b、c间不能相互沟通交流 ⑪a、b、c必须同时回答父亲的提问

认知逻辑对主体推理能力的要求是理想意义上，主体知道所有推理的有效式，并且知道其知识的所有逻辑后承，也就是说主体是要一直保持理性的。但是在现实中无论是人类，还是人工智能机器人，都不会总是保持

逻辑理性。人类作为资源有限的主体，没有足够的时间和记忆能力推出所知知识的所有逻辑后承结果。即使人们并不缺乏计算知识后承的能力，但仍可能因为偏好等非理性因素的影响做出错误的推理或拒绝相信自己的知识后承。而人工智能机器人的信息库也要依托人类知识的积累，不可避免地受到人类历史进程的影响。所以主体具有非全逻辑理性，导致主体在处理交互知识的迭代推理中捉襟见肘，使得绝对意义上的公共知识无法获得。

（2）对沟通渠道的情境设定：父亲和孩子们之间进行的是面对面的沟通交流。父亲会在整个推理过程中做出两个行为：一个是先对孩子们公开宣告"至少有一个孩子额头上有泥巴"；一个是对孩子们进行多次提问"你们谁知道自己额头上有泥巴"。父亲在公开宣告后再向孩子们进行第一次提问，孩子们同时做出回答后，父亲再进行下一次提问，直至孩子们同时回答"能"（见表5-2）。

表5-2　"泥孩难题"中对沟通渠道的情境设定

假定	情境设定描述
$I_{\|a,b,c\|}$ $(p\wedge q\wedge\neg r)$	①父亲公开宣告后，孩子们得到的公共知识，即父亲公开宣告的内容 ②父亲第一次提问后，孩子们获得的公共知识是大家都不知道自己的额头上是否有泥巴，孩子们做出同一行为：回答"不能" ③父亲第二次提问后，孩子们获得的公共知识仍然是大家都不知道自己的额头上是否有泥巴，孩子们做出同一行为：回答"不能" ④父亲第三次提问后，孩子们获得的公共知识是大家知道了自己额头上是否有泥巴：现实世界的信息从隐含知识成为群体的公共知识，孩子们做出同一行为：回答"能"

在"泥孩难题"中，沟通渠道是完美有效的，当且仅当信息自始至终不会流失，主体获得的信息始终是完整的，主体会在同一时间拥有相同的公共知识，做出相同的行为判断。实际上，有效的和公开的沟通渠道，有助于群体顺利地获得公共知识；嘈杂的和非公开的沟通渠道，会阻碍群体的协同行为。但是，在实际生活中并不存在完美有效的沟通渠道，信息往往会在传输过程中出现流失。比如在分布式系统中两种不同的传输方式——同步交互传输方式和异步交互传输方式：在同步交互传输方式下主体必须有一个时间间隔才能获得"公共知识"，在少于这个时间间隔的时间内，主

体不会获得"公共知识"。在异步交互传输方式下信息传递时间具有无限性，主体直至最后才可能获得公共知识，所以获得公共知识将是一个持续的过程。沟通渠道的非完美有效性，也是导致公共知识无法获得的原因。

（3）对沟通时间的情境设定："泥孩难题"中父亲公开宣告后，对孩子们进行提问，并且要求孩子们同时做出回答。父亲当着孩子们的面提问，这样孩子们对信息的接收是同时的；孩子们被要求必须同时做出回答，这样孩子们做出推理和发送信息也是同时的（见表5-3）。

表5-3 "泥孩难题"中对沟通时间的情境设定

假定	情境设定描述
父亲： 在 t_0 时间公开宣告 在 t_1 时间第一次提问 在 t_2 时间第二次提问 在 t_3 时间第三次提问	①父亲在 t_0 时间发送信息 m，并且 a、b、c 在同一时刻接收到信息 m ②父亲在 t_1 时间传送信息 m_1，并且 a、b、c 在同一时刻接收到信息 m_1，并同时做出推理回答 ③父亲在 t_2 时间传送信息 m_2，并且 a、b、c 在同一时刻接收到信息 m_2，并同时做出推理回答 ④父亲在 t_3 时间传送信息 m_3，并且 a、b、c 在同一时刻接收到信息 m_3，并同时做出推理回答，并且获得 $C_{|a,b,c|}$（p∧q∧¬r）

父亲进行了三次提问，提问的内容是相同的，但是三个孩子接收到的信息是不同的，比如第二次提问，孩子们接收到的信息是提问的内容，加上通过第一次提问推理得到的信息；而通过第二次孩子们做出的回答，他们又会推理得到新的信息。所以，在"泥孩难题"对沟通时间的情境设定中，三次提问，用了 m_1、m_2、m_3 三个不同的传送信息表达。

"泥孩难题"对沟通时间的情境设定是通过面对面的沟通交流，信息的传递具有同时性，所以，孩子们能够同时获得信息并做出推理和行为。但是，在现实生活里，主体沟通过程中的信息传递可能不具有同时性。

站在信息传送者 P_1 的立场上看，就是在时间 t 传送了信息 m，那么 P_1 认为 P_2 在时间 t 也接收到了 m。实际上 P_2 在时间 t 并没有接收到 m，而是在间隔 ε 个时间单位后才接收到 m。站在信息接收者 P_2 的立场上看，就是在时间 t 没有任何信息被 P_2 接收到；如果主体 P_2 没有接收到任何信息，那么他认为在时间 t 没有任何消息被传送。因为信息传递时间的非同时性，主体双方在同一时间所拥有的信息不对称，公共知识无法获得。

可以发现，现实生活中无论何种沟通交流，其过程都会存在主体理性的有限性、沟通渠道的非完美有效性，以及沟通时间的非同时性，导致推理的复杂或难以进行。因为在沟通交流的情境中，包含不可或缺的三个要素：信息主体即传送者和接收者、搭建在二者之间的沟通渠道、贯穿推理始终的沟通时间。这三个要素任何一个环节发生失误，都会导致沟通的失败。我们把这种主体沟通交流失败的系统称为沟通不能被保证的系统。

J. Y. 哈尔彭和 Y. O. 莫斯也描述过这种沟通不能被保证的系统。假设 Γ 成为系统 S 的一个知识解释，主体集 $|G| \geq 2$，r 和 r^* 都是系统 S 的子系统，r^* 与 r 具有相同的初始配置和相同的时钟读数。对于所有的命题 φ，$(\Gamma, r, t) \models C_G\varphi$ 成立，当且仅当 $(\Gamma, r^*, t) \models C_G\varphi$ 成立。实际上，在 r^* 中直到时间 t 都没有接收到信息，所以 (Γ, r^*, t) 推出 $C_G\varphi$ 是不成立的，相应的 (Γ, r, t) 推出 $C_G\varphi$ 也不成立。那么我们就可以说，S 就是一个沟通不能被保证的系统。主体理性的有限性、沟通渠道的非完美有效性以及沟通时间的非同时性，这三点是沟通不能被保证系统存在的现实因素。

我们还可以就三个要素不能被保证的其他情况进行分析。

假设在一个主体是理性的、沟通渠道是有效的，但沟通时间是非同时性的系统中，公共知识是否可以获得？我们设定一个沟通渠道有效但具有非同时性的双主体 p_1、p_2 的系统，看看主体的知识状态是如何改变的，以及公共知识可否获得。

首先对双主体系统进行一个主体理性、沟通渠道有效的情境假设。

①主体都是理性的是 p_1 和 p_2 的公共知识。

②沟通渠道有效是 p_1 和 p_2 的公共知识。

③从 p_1 开始传递信息到 p_2 接收到信息的时间存在一个时间间隔——ε 个时间单位，这也是 p_1 和 p_2 的公共知识。

④在时间 t_1，p_1 向 p_2 传递一条不包含时间戳①的信息 m。

假设 S（m）表示"信息 m 已经被传递"。现在，我们来看看随着时

---

① 时间戳是指能够表示一份数据在一个特定时间点已经存在的完整的可验证的数据。它的提出主要是为主体提供一份电子证据，以证明主体的某些数据的产生时间。

间推移，两个主体 p_1 和 p_2 对 S（m）认知状态的变化（见表5-4）。

表5-4 双主体系统中主体认知状态的变化

时间	认知状态的变化
①在时间 $t_1+\varepsilon$	①p_2 起初并不知道 S（m），直到 p_2 在时间 $t_1+\varepsilon$ 接收到信息 m。p_2 在时间 $t_1+\varepsilon$ 知道了 S（m）。如果 $\varepsilon=0$，p_2 立即就知道 S（m）。但是传递信息 m 需要消耗 ε 个时间单位。所以 K_{p_2}S（m）在 $t_1+\varepsilon$ 个时间单位成立，之前是不成立的
②在时间 $t_1+2\varepsilon$	②在 $t_1+\varepsilon$ 个时间单位前，p_1 知道 p_2 不知道 S（m）；p_1 要想确定 p_2 是否已经知道了 S（m），必须等到 $t_1+2\varepsilon$ 个时间单位 p_2 把确认的信息发送回来 ③$K_{p_1}K_{p_2}$S（m）在 $t_1+\varepsilon$ 时间单位成立，之前是不成立的；$K_{p_1}K_{p_2}K_{p_1}K_{p_2}$S（m）在 $t_1+2\varepsilon$ 个时间单位成立，之前是不成立的
③在时间 $t_1+k\varepsilon$	④这种时间间隔迭代推理可以无限延续下去。通过归纳推理证明：公式 $(K_{p_1}K_{p_2})^k$S（m）在 $t_1+k\varepsilon$ 个时间单位成立，之前是不成立的 ⑤公共知识 CS（m）成立，当且仅当每一层级的 $(K_{p_1}K_{p_2})^k$S（m）成立。这对 p_1、p_2 两个主体来说是难以做到的

说明：公共知识 CS（m）的获得必须保持知识的一致性。p_1 发送了信息 m 就相信 CS（m）；p_2 接收到信息 m 才相信 CS（m）。在这个双主体系统中存在某一时刻：p_1 相信 p_2 知道 S（m），实际上 p_2 并不知道 S（m）这样矛盾的认知状态，使得 p_1 和 p_2 并不始终具有知识的一致性

通过双主体认知状态变化分析，在主体是理性的，沟通渠道有效，但具有非同时性的系统中，公共知识仍然难以获得。因为如果 p_1 和 p_2 间的协同行为是建立在 CS（m）成立的基础上的，在 ε 个时间间隔，p_1 和 p_2 所拥有的"知识"不同一会产生许多负面后果，他们可能不会进行协同行为。一旦主体在短暂的时间间隔内不能保证知识的一致性，背离 $K_i\varphi\rightarrow\varphi$ 知识公理，公共知识就不会被获得。

上面例子是在沟通不能被保证的系统中假设沟通时间的非同时性，但是能够保证信息在相同时间间隔接收或传送。那么我们再来看看假设在一个主体是理性的，沟通渠道是有效的，但具有无限传递时间的系统中，公共知识是否可以获得。如果所有的主体都遵循一个全球时钟，在全球时钟情况下也不能获得公共知识。因为在具有信息无限传递时间的系统中，即使当所有的信息都能够在一个固定时间限制内被保证传递，也无法保证主体最终能获得公共知识。拥有全球时钟，进而精确传送时间似乎可以促使从主体没有公共知识过渡到拥有公共知识，但是 $C\varphi$ 的获得必须是群体中

的主体同时知道 Cφ，这就意味着所有主体的背景知识都同时发生改变。然而，现实中的同时性是不可能的。即使是在计算机分布式系统中每个节点开始工作的精确时刻，以及每个消息传递所需的确切时间，也总是存在一些内在时间的细微差异。

所以，在沟通不能被保证的系统中，主体理性的有限性、沟通渠道的非完美有效性以及沟通时间的非同时性这三点任何一点的存在都会导致绝对意义上的公共知识不可获得。

在沟通不能被保证的系统中，公共知识无法获得的难题想要得到完美的解决在理论上是不可能的。但是公共知识是群体协同行为顺利进行的必要条件，我们要使协同行为顺利进行，必须保证主体获得相应的公共知识。而且这种情况在现实生活中具有普遍性，因为现实中很多协同行为是在这种沟通不能被保证的系统中进行的。于是人们就产生一种强烈的反直觉想法：为什么现实中能做到而理论上不可行？于是 R. 范根和 J. Y. 哈尔彭提出了公共知识悖论一说，认为一方面公共知识是协同行为的必要条件；另一方面在现实世界中由于时间的不精确性，公共知识是无法获得的。这构成了公共知识悖论。①

第二节　悖论引发的协同攻击难题

公共知识层级无限性形成的难题，使得人们产生现实和理论上的强烈反直觉效应。除了"泥孩难题"外，还有许多经典的例子，比如"协同攻击难题"。不同逻辑学家对"协同攻击难题"有不同解决方法和尝试。

我们来看 J. Y. 哈尔彭对协同攻击难题的描述。

两名将军分别带领一部分军队驻扎在山谷顶端两边，谷内是被困住的敌人。如果两名将军同时率军攻击敌人，那么就会战胜敌人；如果两名将军不同时进攻，仅有一方进攻，就会战败。两名将军都认为如果不能完全确定另一名将军将会和他同时发起进攻，就不发起攻击。两名将军通过传

---

① 张建军认为构成悖论的三要素是：公认正确的背景知识、正确的逻辑推导以及建立矛盾等价式。公共知识悖论并不能建立矛盾等价式，所以它不是严格意义上的悖论。

令兵进行消息传递，希望协调双方同时进攻。传令兵在没有迷路、没有被俘的情况下把消息传递给另一名将军需要一个小时。假设一切都进行得很顺利，这两名将军能够同时发起攻击吗？

这是一个典型的沟通不能被保证的系统案例，沟通渠道不完善，沟通时间也不具有同时性。假定两名将军分别为 A、B。A 发出信息 m 给 B，B 接收到信息再回复给 A，A 接收到信息再回复确认给 B，B 再回复给 A，如此一直循环往复，不论确认信息被传递多少次，都不能保证两名将军同时发起进攻。这就是著名的协同攻击难题。

逻辑学家采用过不同的方法来证明协同攻击是不可能的。首先，我们来看 J. Y. 哈尔彭和 Y. O. 莫斯用数学归纳法证明协同攻击难以进行。

假设两名将军之间传递的信息数是 k，k 条信息对于两名将军同时发起进攻是不充分的，而正好 k+1 条信息对于两名将军同时发起攻击是充分的。因为 k+1 是充分的，那么不论信息的接收者是否接收到第 k+1 条信息，信息的发送者都必须发起进攻。这样第 k+1 条信息对于信息的发送者和接收者来说就无所谓了，这就意味着 k 条信息是充分的。而先前假设 k 条信息是不充分的，归纳与假设产生矛盾，证明了无论在两名将军之间传递多少条信息，他们都不会同时发起进攻。

接着，我们来看 FHMV 证明在信息无限传递的语境中协同攻击难以达成。

假设 $S(m)$ 表示信息 m 被传递。当 B 收到 A 的初始信息 m 时，$K_B S(m)$ 成立；当 A 收到 B 的回复确认时，$K_A K_B S(m)$ 成立；当 B 收到 A 对 B 的回复确认时，$K_B K_A K_B S(m)$ 成立，以此类推。这证明这种交互知识的无限性导致 $CS(m)$ 难以获得。

假定主体是理性主体，能够完成指定的信息传递行为。设定一个信息传递语境 (R, π)，R 表示已经发生信息传递行为合取式，即运行集；π 表示信息传递更新状态的真值解释。利用这个语境建立一个信息传递系统 $I = (\delta, R, \pi)$，δ 表示可以在语境 (λ, π) 下运行的沟通渠道。在信息传递系统里，一个信息传递活动被称为一个运行，信息 m 在时间 t_0 没有信息被传递，所以 $S(m)$ 在一个运行之初为假。随着信息传递运行回合的增加，如果沟通渠道和沟通时间不能被保证，那么 $S(m)$ 就不能成为公共知识。沟通不能被保证，意味着在信息无限传递（unbounded message delivery，简称 UMD）语境中，即使当所有的信息都能够在一个固定时间限制内被保证传递，也无法保证主体最终能获得公共知识。

给定一个信息传递语境 I=（R，π），假设一个运行 r∈R，如果在 r 的 m 个运行回合里传递了 k 条信息，表示为 d（r，m）= k。当 m＝0 时，有 d（r，0）= 0。当 d（r，m)>0 时，存在一个主体 i 和一个运行 r′∈R，那么 d（r′，m)<d（r，m）。d（r，m）表示主体 i 是在 r 的 m 个运行回合时收到最后一个信息。d（r′，m)<d（r，m）表示 i 在 r′的 m 个运行回合还没有收到最后一个信息，这就意味着到主体 i 在 r 中收到的最后一条信息，其在 r′中并没有被传递，并且其他主体都不知道主体 i 还没接收到这个信息。这样的一个信息传递语境 I 将是一个 R 的信息无限传递的语境，协同攻击也是处于这样的 UMD 语境，使得公共知识不可得。然而协同攻击行为是在公共知识被将军们所知的情况下才能发生的。对于两名将军来说，公共知识是协同攻击的必要条件。所以，在沟通不能被保证的系统中，公共知识不可得，进行协同攻击行为是不可能的。

最后，我们来看 S. 莫瑞斯和 H. 辛的分析，他们在协同攻击一般版本上加了一个"防备"限制：将军 A 在知道敌军没有防备的情况下才发出信息；将军 B 必须被通知到敌军没有防备才能做出回应。也就是说两名将军是否达成协同行为还必须考虑敌军有无防备的概率情况。这也是对协同攻击行为的概率思考。

假设沟通渠道可靠，信息 m 以概率 1 传送，信息 m 或者瞬间即到或者在 ε 个时间单位后才到，时间并不确定。且将军们没有同步的全球时钟，他们也不知道信息 m 是瞬间即到还是在 ε 秒后才到。如果将军 A 在时间 t 收到关于敌军防备的情报，并发送信息 m 给将军 B。将军 B 会在 t+ε 时间接收到信息 m，然后发送确认信息给将军 A。将军 A 会在 t+2ε 时间接收到确认信息，以此类推。即使假定每个结果发生的概率为 1/2 且 ε 非常小，这样的论证也只会无限重复，使得 m 永远不会成为 A 和 B 的公共知识，协同攻击不可能。

那么，协同攻击难题怎么解决，到底能不能解决呢？

R. 范根和 J. Y. 哈尔彭针对信息传递的非同时性导致协同攻击的不可

能提出两种解决方案：一种是将现实世界进行非精细的模型化，另一种是降低协同行为的成本。他们针对同时性问题将协同行为做了一个全球时钟的设置。

假设双主体 p_1 和 p_2 的沟通渠道是有效的，p_1 给 p_2 传递信息 m 需要经过 ε 个时间单位。p_2 在 ε 个时间单位接收到信息 m，才知道 p_1 已经发送信息 m 给 p_2。所以即便 ε 个时间单位足够小，主体 p_1 和 p_2 也不可能同时获得信息 m。延迟 ε 个时间单位使得信息 m 不能成为主体 p_1 和 p_2 的公共知识。

但是，如果假设所有的主体都遵循一个全球时钟，都采用相同的计时，并且约定 p_1 在时间 t_1 发送信息 m，p_1 给 p_2 传递信息 m 需要经过 ε 个时间单位。那么当 p_2 接收到信息 m 时，p_2 知道信息 m 是在 t_1 时间被发送的，并经过 ε 个时间单位被接收到；同样，p_1 在时间 t_1 发送信息 m，经过 ε 个时间单位，p_1 已经知道信息 m 被 p_2 接收到。所以 p_1 在时间 t_1 发送信息 m，p_1 给 p_2 传递信息 m 需要经过 ε 个时间单位，这些就成为 p_1 和 p_2 的公共知识。

在实际生活中，同时性不可能完全实现，即使使用电子邮件这样的延时性比较弱的沟通渠道，协同攻击难题依然存在。上述逻辑学家提出将军们通过相同计时、事先假定的方法发起进攻，就是企图通过忽略计时的精确性和信息传递的时间差来解决同时性问题。延时性本身就会导致主体认知状态的改变，所以对于延时性产生的问题通过全球时钟、相同计时解决，得到的只是相对意义上的同时性，从而获得的是相对意义上的公共知识。

公共知识的获得需要一个理想化的假设，其只能在理论层面上进行精确性的分析。而且层级的无限性对主体的理性程度要求极高，只要群体互动中的某个主体对其他主体的推理能力稍有怀疑，那么公共知识就不会被获得。这个问题在协同攻击难题中就体现在沟通渠道的非完美有效性引起了协同行为主体对对方信息接收的怀疑上。只要这种顾虑不能被消除，就会表现为对信息传递的怀疑，双方因此无法协调一致，进而无法达成协同行动。或许我们可以认为主体相信的事实，也就是公共信念，比公共知识更适合应用在实际生活中解决协同问题。当然这只是对公共知识的一种弱化方式。

第三节 相对公共知识何以提出

接下来我们将寻求用代替公共知识的知识来解决协同攻击难题的方法。在现实生活中，虽然公共知识难以获得，但是协同行为却仍然能够顺利进行，这一理论和实际矛盾的解决是通过主体对公共知识的弱化，也就是说相对公共知识的获得来实现的。

公共知识本身是具有确定性的知识，相对公共知识却具有一定的不确定性。但是就是这种非充分的判断，却广泛应用于人们的日常生活当中。毕竟，人们的日常生活都不可避免地要面对存在不确定性的事情，我们只能尽量去把握和推测这些不确定性。比如群体的约定。当群体中主体都遵守某些约定的原则时，约定的内容便成为相对公共知识。再比如博弈论中的聚点"是博弈参与者通过相互期望所做出的共同选择形成的那个均衡点，它显示了博弈参与者在没有沟通的情况下的共同选择倾向"。博弈参与者依赖自身知识进行推理，考虑自身知识、自身对他人的期望，他人的知识、他人对自己的期望，等等。每个参与者都如此推理，形成参与者之间的相互期望，最终做出合适的相同的聚点选择。这几乎与公共知识的定义不谋而合。K. 宾莫认为"沿着传统方式进行的任何博弈讨论都是在博弈规则和公共知识这样或隐性或显性假设的基础上进行的"。再比如群体的共同旨趣，如果一个享有共同见解的群体中的主体有一定程度的共同旨趣，其信念就可能达到一致。群体的共同旨趣等同于构成一个群体的成员拥有共同的关注点、利益点或兴趣点，那么，形成主体交互概率的群体共同旨趣就是群体的相对公共知识。再比如"公共文化背景"。人们在现实中进行协同行为时，在很大程度上受到了公共文化背景的影响，进行抉择时总是依据一定的公共文化背景寻求达成一致可能的解。虽然这种依据并不能完全解决协同难题，但是总会起到一定的参考作用。因为主体总是具有一定的社会性，社会公共文化背景无时无刻不充斥在主体的现实生活中。公共文化背景可以看作一定的协同行为中所涉及的群体成员的文化背景集合中最小的子集，是群体的相对公共知识。

不论是约定还是博弈均衡中的聚点，抑或群体的共同旨趣，或公共文化背景，都基于给群体提供一个共享情境的目的。群体在这个共享情境里，彼此间非常熟悉，只要诉诸生活经验和理性归纳就可以获得达成协同行为所需的相对公共知识。这些应用并不是孤立存在的，而是根据群体所处情境相互关联、相互影响。群体所获得的相对公共知识在某些程度上都是对绝对公共知识的弱化。

在同一情境中，主体通过获得相对公共知识来达成协同行为。相对公共知识的获得并不是一成不变的，而是随着时间的推移、行动的变化不断扩张或者收缩的。协同行为就是在一些相对公共知识的基础上通过推理分析产生另一些新的相对公共知识，再通过这些新的相对公共知识产生另一些相对公共知识的不断推陈出新的过程中达成的。在"泥孩难题"案例（以三个孩子额头上都有泥巴为例）中，公共知识就是在不断变化的。我们先来看表5-5中公共知识的变化，以及这些变化带来的行动的变化。

表5-5 "泥孩难题"中公共知识的变化分析

类型	变化描述
①主体最初拥有的公共知识	①所有孩子们都是逻辑理性主体 ②a可以看到b和c额头上是否有泥巴 ③b可以看到a和c额头上是否有泥巴 ④c可以看到a和b额头上是否有泥巴 ⑤a不知道自己额头上是否有泥巴 ⑥b不知道自己额头上是否有泥巴 ⑦c不知道自己额头上是否有泥巴 ⑧a、b、c间不能相互沟通交流
②父亲的公开宣告成为主体的公共知识	⑨a、b、c必须同时回答父亲的提问 ⑩至少有一个孩子的额头上有泥巴
③父亲第一次提问后孩子们获得的公共知识	⑪父亲第一次提问，孩子们同时回答说"不知道"，此时"所有的孩子还不知道自己头上是否有泥巴"也成为孩子们的公共知识
④父亲第二次提问后孩子们获得的公共知识	⑫父亲第二次提问，孩子们再次同时回答说不知道，此时"所有的孩子还不知道自己头上是否有泥巴"是孩子们的公共知识
⑤父亲第三次提问后孩子们获得的公共知识	⑬父亲第三次提问，孩子们都回答说"知道了"，"每个孩子都知道自己额头上是否有泥巴"成为孩子们的公共知识 ⑭现实世界信息，即a、b、c额头上都有泥巴成为公共知识

在现实生活中，孩子们可能会因为各种原因最初拥有的信息并不全面。比如孩子们之间会缺乏沟通；孩子们可能会有撒谎误导其他孩子的行为；孩子们在回答父亲提问的时候不是同时回答，或是延迟回答或是不回答；孩子们还会在父亲的多次提问中，因为推理的断层而无法得出正确的结论。这在现实生活中是很常见的现象。最终，孩子们会得到他们的额头上是否有泥巴的答案，是因为他们可以通过借助工具或寻求他人帮助等很多方式来得到答案。所以现实生活中获得的公共知识不是经过严格的层层的推理得到的公共知识，而是对公共知识加以弱化后的相对公共知识。

相对公共知识是对公共知识概念弱化后的衍生概念的统称，相较于公共知识概念，它有如下特征。

（1）因为公共知识是多主体知识，涉及多主体，所以要做到"相对"，我们可以摒弃必须全部主体获得的绝对要求，只选择群体中的绝大多数主体获得就可以。只要群体中绝大多数主体获得公共知识，现实中就可能推动群体做出协同行为。这是对主体的数量做出的相对"限制"。

（2）因为知识可以被认为是确证的信念，所以要做到"相对"，我们可以用"公共信念"来代替"公共知识"，用"主体相信"来代替"主体知道"。从某种意义上来说，"主体知道"比"主体相信"更加严苛。信息是以逻辑的速度传播，而真正的知识是以认知和推理速度传播。所以，符合逻辑的信息并不一定是知识，被确证后的信念更容易被主体认可。而且，如果对"公共信念"的主体数量也做出限制，那么得到的大部分主体相信的信念是比"公共信念"更弱的公共知识。

（3）因为主体认知的局限性，所以要做到"相对"，我们可以在"公共信念"前加上概率算子，来获得更弱意义上的相对公共知识。主体并不是百分之百地相信某事件为真，而是以某一概率相信某事件为真，主体再以某一概率相信其他主体以某一概率相信某事件为真，以此类推。概率算子限制下的这个事件就可以成为群体的相对公共知识。

（4）因为群体很难把握时间的同时性，所以要做到"相对"，我们可以利用时间的相对概念，引入"时间"算子来做出时间约定，使得主体似乎在同一时间拥有了相对等的公共知识。假定主体都遵循一个全球时钟，设定一个固定的时间间隔来接收和发送信息，或者设定一个时间戳来标记主体获得相对公共知识。

总之，相对公共知识是我们在设定模型中加入一定条件后丰富推理静态语言获得的知识，是可以促使主体达成相对协同行为的较弱的知识形态。比如 $C_G\varphi$ 可以扩展为 C_G（A，φ），即如果 φ 成为群体 G 的公共知识，就必须满足条件 A，或者说群体 G 在学习了事实 A 之后就可以获得公共知识 φ。

第四节　相对公共知识的获得

公共知识层级无限性的特征导致理论与现实之间的矛盾，造成了所谓的公共知识悖论。而且，在现实生活中人们实际使用的不是严格意义上的公共知识，而是相对公共知识。所以，此种情况引发了对严格意义上的公共知识进行弱化的探讨。我们可以把公共知识弱化后形成的各个类型的知识统称为相对公共知识，也可以把引入了时间算子的相对公共知识称为公共知识变体。

那么，如何弱化公共知识？D. 孟德尔最早在《近似公共知识与公共信念》一文中谈及了对公共知识弱化的方法。后来知识论者 A. 鲁宾斯坦（A. Rubinstein）、Z. 尼曼（Z. Neeman）、H. 辛、S. 莫瑞斯等都发起了对公共知识弱化方法的探讨。

如果把公共知识层级无限性特征、固定点特征、共享情境特征、互动互知特征、鲁棒性特征以及矛盾性特征仔细加以分析，就可以从公共知识载体、共享情境等多角度找到公共知识弱化的方法。或者说，我们围绕"公共知识"的概念，可以分别在"公共"和"知识"这两个方面展开"相对化"的探讨，寻求适合现实生活协同行为的公共知识的弱化方法。

一　围绕"公共"展开的弱化

公共知识中的"公共"包含三个方面的意义。

一是指所获得的公共知识是为大家都知晓的。

二是指公共知识的载体是多主体的。

三是指主体所处的是共享情境。

　　所以，如果对"公共"进行弱化，会涉及主体的数量的限制、所处的时间和空间等方面的限制和所处的共享情境的限制。

（一）对涉及主体的数量做出限制

　　公共知识是伴随着多主体认知的发展而产生的。公共知识依赖群体而产生，群体（多主体）是公共知识的载体。公共知识在群体中产生，离开群体，此公共知识就会被重新审定评价，经历另一个层级推理的无限性才能被判定。所以，如果对公共知识进行弱化，其重要的一点就是对"公共"弱化，"公共"就代表了群体的利益，弱化"公共"就代表群体利益的削减，那么，我们要做的就是要尽力维护绝大多数主体的利益。

　　这里的限制主体的人数不是说群体中的参与人数越少越好，而是说需要获得公共知识的主体数量可以是群体中绝大多数人，而非群体全部。乌克兰的 L. 班冈（L. Bangun）等人提出"近似公共知识"（almost common knowledge）这一概念，认为只要是群体中的大多数人都认可的知识就可以被称为"公共知识"。[①] 这种相对公共知识可以不被群体的所有成员都认可，但是必须得到大多数人的认可。在博弈行为中，经过公开宣告的交流方式和经过非公开宣告的交流方式获得的博弈结果是大有不同的。非公开宣告的交流方式，比如把方案写在纸上让群体中的主体轮流传看（只是默读，而非大声宣读），是需要群体中的每个主体自己去理解信息的，每一个主体不能保证其他主体也理解并获得了相同的信息，这时候主体怀疑、忽略这种信息的情形是大有可能的，所以非公开宣告只能是信息为大多数主体获得的一种交流方式。所以此时群体中大多数主体认可的知识就是"公共知识"。

　　限制所涉主体的数量可以获得相对公共知识。这种相对公共知识在现实中基本上可以达到消除主体之间猜疑的目的，使得协同行为顺利被执行。即使一个群体主体数量是巨大的，但是对于大多数主体都认可的信息，鉴于从众心理，该信息也可以被群体认可为群体的公共知识。比如我们现在倡导和谐社会，在各大媒体上大力宣传，因为绝大多数公民都认可

---

① L. Bangun et al. , "Common and almost Common Knowledge of Credible Assignments in a Coordination Game," *Economics Bulletin*, 2006, 3（1）.

政府的这个政策，所以，这一政策成为我国公民的相对公共知识。这一政策不可能因为极少数人的不理解而被否定。相对公共知识运用在同一文化背景下的群体中决策时是非常有效的，其在分析文化现象时有极少数人的意识缺失是可以被容忍的。

值得注意的是，群体中大多数人认可的知识可以是相对公共知识，这里的"大多数"是指对群体中拥有公共知识的主体数量进行限制所占的比重。那么限制主体的人数的极限值是多少呢？也就是说群体限制最少的百分比是多少，就可以满足相对知识的获得，乃至协同行为的执行？这是根据不同的共享情境来分析和限定的。如果是在一个相对松散的背景文化共享情境中，极限值达到60%及以上，就可以推动协同行为的执行，比如一个音乐文化节的开展；但是如果是在一个相对严格的背景文化共享情境中，极限值需要达到90%，甚至必须达到100%，才能够推动协同行为的执行，比如一个法律事件的推进。在分析文化现象时占优势的人数比重可以弱于在分析法律问题时占优势的人数比重，因为法律问题是非常严谨的，不是单个人、少数人决定的，而是需要全社会全体人员的遵循。所以，限制主体的数量与共享情境中涉及事件的内容是息息相关的，不能顾此失彼，不能一蹴而就，需要具体问题具体分析。

（二）对所涉主体所处的时空做出限制

主体必然处在一定的时间和空间中。涉及地域空间的群体，获得相对公共知识要对地域进行限制；涉及时间交流的群体，则要对时间进行限制。超出特定的地域和时间，就需要重新界定时空形成新的相对公共知识。

我们可以从数字博弈实验中分析上面的结论。人们在运用数字时，往往赋予这些数字很多含义，使得一些数字在言语交流中不仅仅是自身数量的表示，还有很多意义的表达。不同的民族与国家深受自己文化的影响都有各自偏好的数字。不同的国家和民族在不同时间也会有不同的偏好数字。他们一般会运用联想，用偏好数字来表示抽象的概念或思想情感，赋予其神秘色彩，形成具有自身特色的民族文化。

例如，要求被试从"3、4、6、13"选择一个数字，如果选出的数字是所有被试选择最多的数字，那么被试将赢得此次博弈。

分别对50名中国人被试和50名外国友人被试进行实验，实验结果可能是完全不同的（见表5-6和表5-7）。

表5-6 数字博弈实验一（50名中国人）

单位：人，%

选择的数字	选择理由	选择的人数	合计人数	占比
3	①拜佛时香炉里需要插三根香才虔诚	1	12	24
	②三个相同的字组成的汉字很好看	1		
	③道家说"一生二，二生三，三生万物"，万物之源	4		
	④代表了平衡点、天地人	6		
4	⑤代表了事事如意	2	5	10
	⑥音符发音为"发"	3		
6	⑦代表了顺利，六六大顺	22	30	60
	⑧好看，熟悉，常见	2		
	⑨生活中车牌、手机号、结婚日子等都会选带有6的数字	6		
13	⑩与14组合一起代表了"一生一世"	1	1	2
不选	⑪无所谓喜欢哪个	2	2	4

表5-7 数字博弈实验二（50名外国友人）

单位：人，%

选择的数字	选择理由	选择的人数	合计人数	占比
3	①位置处于第一	4	7	14
	②基督教文化影响	3		
4	③电脑键盘"4"上有"＄"符号，代表了美元	31	34	68
	④像一面小旗子，好看	3		
6	⑤魔鬼降临的日子，奇特	1	3	6
	⑥像长着睫毛的眼睛	2		
13	⑦每个月13日可能是星期五	1	3	6
	⑧犹大背叛耶稣的日子	1		
	⑨13的楼牌号、门牌号、电梯层都不会使用	1		
不选	⑩选择困难症	3	3	6

在数字博弈实验一中，有60%的被试都选择了数字"6"，所以按照题目要求，选择数字"6"的被试获胜。选择数字"6"的被试大多给出的理由是，在中国，数字"6"代表了顺利。

在数字博弈实验二中，有68%的被试选择了数字"4"，按照题目要求，选择数字"4"的被试获胜。选择数字"4"的被试大多给出的理由是在电脑键盘"4"上有"＄"符号，代表了美元——美国的官方货币。

从两个实验中被试选择的理由可以看出，被试所生活的年代是信息爆炸的时代，同时受到民族、国家历史文化的影响深刻。

相对公共知识就是群体中绝大部分成员私人信息集合的最小交集。ξ_G（w）作为群体 G 在可能世界 w 上的背景知识，同样包含了交互知识和相对公共知识。相对公共知识是弱化后的公共知识，因为 i≤N，所以 ξ_G（w）是群体 G 中大多数人的背景知识。

所以，对群体所处的时空做出限制，是站在第三者的角度来思考的，因为群体的相对公共知识的形成本身已经受到群体所处时间、地域空间限制。不同时代、不同地域都会产生不同的相对公共知识。当地的历史文化知识会或多或少地影响之后的群体行为的表达。因此，主体的相对公共知识的获得已经处于诸多客观条件的限制之下。但是，当我们站在第三者的角度思考多主体获得的相对公共知识时，确实需要把所涉主体放在相应的历史时空去考量，从这个角度去限制。

（三）对主体所处共享情境做出限制

如果 φ 是双主体 p 和 q 之间的公共知识，当且仅当存在一个必要而且充分的共享情境 s。在共享情境 s 中，p 知道 s 是真的，p 知道在 s 中为真的所有命题；q 知道 s 是真的，q 知道在 s 中为真的所有命题。

公共知识获得的充分必要条件是多主体所处的限定共享情境。在一个限定的共享情境中，通过公共知识信息的权衡行为产生另一个共享情境，再产生另一个公共知识信息的权衡行为，以此类推。所以限定的共享情境产生此一时的公共知识，并即将形成另一个共享情境而产生下一刻的公共知识，达成一种持续协同行为的信息平衡。

具体来说，群体必须依靠多主体知识和推导规则来获得新的相对公共知识，并据此达成相关的协同行为，进而形成新的共享情境，再进行推理互动，再产生相对公共知识，再生成共享情境，周而复始。所以，多主体认知是一个共享情境后衔接着另一个共享情境，不同的共享情境产生不同的相对公共知识，不同的相对公共知识达成不同的协同行为。

但是如何界定"共享情境"又是一个认知上的争议概念，所以，公共知识共享情境解释是不完善的，需要结合认知情境进一步拓展。

二　围绕"知识"展开的弱化

公共知识中的"知识"是多主体知识，是高阶知识，不仅涉及主体自身的知识，还涉及主体对他人知识的认知，更涉及他人对主体知识的认知。所以，对"知识"的弱化，会转化为对"信念"的弱化。主体相信信念的强弱会直接影响协同行为的执行。公共信念在现实中比公共知识要实用很多。这一点我们将在下一章中重点介绍。

三　相对公共知识获得的途径

在现实生活中，主体基于自身的主观条件，加诸一定的客观条件，获得相对公共知识的途径主要是围绕对"公共"和"知识"概念的弱化两个方面展开的。

（一）通过引入一些模态化、相对化的概念来限制"公共"和"知识"概念，进而获得相对公共知识

（1）对"公共"的程度做出限制。如果不能达到群体中的全部主体知道，可以做出相对让步，达到群体中的大多数主体知道。

（2）对主体的认知程度做出限制。如果主体不能对事物达到准确的认知，那么就以概率来分析主体的认知程度，主体以某一概率知道某一事物，以某一概率知道其他主体以某一概率知道某一事物，等等。

（3）对主体沟通时间做出限制。因为同时性难以实现，所以可以设置一个时间间隔或一个时间戳来配合主体达成协同行为。

（4）对沟通的渠道做出限制。主体可以运用协同管理软件、电子邮件等高科技来使沟通渠道近乎完美有效。

（5）对"知识"做出限制。用"相信"来代替"知道"，用"公共信念"来代替"公共知识"。在某一程度上，公共信念比公共知识更贴合群

体的相对协同行动。

这些方法可以自成一体达成相对公共知识，也可以相互渗透来达成更弱层级的相对公共知识。而且这些相对公共知识在不同的研究领域扮演着重要的角色。

比如用"相信"来代替"知道"，用信念来代替知识，[①] 这样达成的相对公共知识就是公共信念，如果再引入概率 p 对信念程度进行量化，那么就形成了公共 p-信念。如果一个命题是信念封闭的，那么在每一个可通达的可能世界中主体都相信它是真的；如果一个命题在一个可能世界中是公共信念，那么这个命题被一个信念封闭的命题所蕴含，也就是说在这个可能世界中主体都相信它为真。因为加入了概率算子，公共 p-信念比公共信念的知识强度更弱（见表5-8）。

表5-8　公共信念、公共 p-信念与公共知识的区别

序号	公共知识	公共信念	公共 p-信念
1	$C\varphi$	$B\varphi$	$B^p\varphi$
2	一个事件是公共知识，当且仅当每个主体都知道此事件，每个主体都知道每个主体知道此事件，每个主体都知道每个主体都知道每个主体都知道此事件，以此类推	一个事件是公共信念，当且仅当每个主体都相信此事件，每个主体都相信每个主体都相信此事件，每个主体都相信每个主体都相信每个主体都相信此事件，以此类推	假设概率 $p\in[0,1]$，如果一事件是"公共 p-信念"，那么群体中的每个人至少以 p 概率相信它，群体中每个人至少以 p 概率相信每个人至少以 p 概率相信它，以此类推
3	知识公理有效	知识公理无效	知识公理无效
4	定理 $C\varphi\to\varphi$ 有效	定理 $C\varphi\to\varphi$ 无效	定理 $C\varphi\to\varphi$ 无效

备注：公共 p-信念比公共信念的知识强度还要弱，但它对于相对协同行为来说是充分的

（二）通过提升主体执行协同行为的能力来获得相对公共知识

相对公共知识的获得与主体执行协同行为的能力紧密相关。主体执行协同行为的能力体现在两个方面：保持同时性和知识的一致性。如上所述，现实中的主体不可能达到同时性。知识的一致性是指主体间在同一时

---

① 从某种意义上说"我知道"比"我相信"更为严格。

间拥有相对等的知识。同时性不能实现，知识的一致性也就难以获得。但是，如果一个认知解释不能保持知识的一致性，那么它可以具有内部知识的一致性，即在系统内假设认知解释事实上是一个知识解释，当且仅当主体不会获得与此假设相矛盾的信息，也就是说主体没有获得否定 $K_i\varphi\to\varphi$ 的信息。

对一个系统 R 来说，一个认知解释 Γ 具有内部知识一致性。R′是 R 的一个子系统，那么 Γ 也是 R′中一个认知解释，对于系统 R 上的节点 (r, t)，系统 R′上的节点 (r′, t′)，都有 h (p$_i$, r, t) = h (p$_i$, r′, t′)。当分析"泥孩难题"时将系统 R 看作孩子们同时听到和理解父亲公开宣告的系统，系统 R′则是所有孩子同时从一个阶段前进到下一个阶段的系统。给出 R′系统中时间排序的若干条件，这些条件使得孩子们获得的公共知识与 R 具有内部知识的一致性，孩子们将在这些"公共知识"的条件下执行协同行为。所以内部知识具有一致性，将大大加强主体执行同步行为的能力；而主体执行同步行为的能力加强，有助于获得相对公共知识。

（三）通过改变主体知识状态的行为来获得相对公共知识

主体知识状态的改变表现为从非公共知识到相对公共知识的转变。比如在计算机网络中输入一种新的通信协议，所有借助此网络运行的程序都将遵循此通信协议。这种通信协议在网络公布之前是非公共知识，一旦公布就成为相对公共知识。再比如分布知识作为一种隐性知识也会转变为显性相对公共知识，"泥孩难题"就是把隐性知识（谁额头上有泥巴）转变为所有孩子的显性公共知识的案例。

相对公共知识可以通过改变主体知识状态的行为来获取。这样的行为可以是简单的主体行为，比如公开宣告、面对面交流，也可以是复杂的行为组合，比如公开宣告+迭代等。如果条件 A 的成立对应的是一个公开宣告的主体行为，那么我们就可以在条件公共知识"C$_G$（A，φ）"中加入公开宣告的行为算子得到下面这个规约公理，来描述知识和行为的变化：

$$[\,!\,A]C_G\varphi\leftrightarrow C_G(A,[\,!\,A]\varphi) \tag{5.2}$$

主体行为引起知识状态的改变，使得主体获得相对公共知识，进而再促成协同行为的达成，再引起知识状态的改变，再获得相对公共知识，等等。这是一个"行为—知识状态—相对公共知识—协同行为"不断协调循环的认知过程。

改变知识状态的行为不论是复杂还是简单，都可以获得相对公共知识。

（1）知识状态的改变方式是从隐性知识（分布知识）到显性知识（相对公共知识）的改变。比如"泥孩难题"的最终目的是通过推理把隐性知识（额头上是否有泥巴）转变为所有孩子的显性公共知识。

（2）知识状态的改变方式是从非公共知识（部分主体知识、普遍知识等）到相对公共知识的改变。比如在计算机网络中输入一种新的通信约定，所有借助此网络运行的程序都将遵循此通信约定。

引起前一种知识状态改变的行为被称为"事实发现"，后一种行为被称为"事实公开"。作为改变主体知识状态的两种不同行为，其最终目的都是获得相对公共知识，进而达成群体的协同行为。

我们在现实生活中的行为基本上都是在沟通不能被保证的系统中进行的。主体理性的有限性、沟通渠道的非完美有效性、沟通时间的非同时性是沟通不能被保证系统的重要因素。其中任何一个因素的存在都是多主体知识的最强状态——公共知识不能获得的原因。

既然公共知识不能被获得，但其又是达成群体协同行为的必要条件，那么我们就需要寻求代替公共知识的较弱形式的相对公共知识来解决这一问题。主体间的"约定"，决策博弈的"聚点"，群体的"共同旨趣"，具有地域和时代特色的"公共文化背景"等都是相对公共知识在现实生活的应用。

我们通过从逻辑上引入一些具有模态化、相对化的概念，或者是提升主体执行协同行为的能力，再或者通过改变主体知识状态的行为来获得相对公共知识。

获得相对公共知识，有助于主体更好地达成群体的协同行为。这也说明了知识和行为在多主体认知中潜移默化的关系。J. Y. 哈尔彭和 R. 范根就认为基于知识的协议使得主体的行为明显地依赖于主体的知识。

总之，我们要深入分析主体的知识和行为的关系，利用认知逻辑公理，运用可能世界语义学的方法来研究相对公共知识，为群体协同行为、经济决策、博弈均衡提供理论帮助。

第五节　含有相对公共知识的认知逻辑公理系统

在前面，我们提到了 W. 范·德·霍克和 J. J. 迈耶创立的多主体认知逻辑系统 $S5_m$（C，D，E）。2004 年，B. 库艾和 J. 本瑟姆在 $S5_m$ 系统的基础上，提出了相对公共知识的概念，建立了含有相对公共知识的认知逻辑公理化系统 $S5_m^B$（RC，D，E）。

$S5_m^B$（RC，D，E）逻辑系统的语言、语义和公理系统定义如下。

定义 1　语言 L_G^p（RC，D，E）假设 G 是主体集，P 是命题集，$S5_m^B$（RC，D，E）逻辑系统的语言 L_G^p（RC，D，E）由下列语句定义：

$$\varphi ::= P \mid \neg \varphi \mid \varphi \vee \psi \mid K_i \varphi \mid E_B \varphi \mid C_B(\varphi, \psi) \mid I_B \varphi \qquad (5.3)$$

①B 是 G 的非空子集（$B \subseteq G$）。

②$K_i \varphi$ 表示主体 i 知道 φ。

③$E_B \varphi$ 表示 φ 是群体 B 的普遍知识。

④C_B（φ，ψ）表示 ψ 相对于 φ 是群体 B 的公共知识。对偶算子 $<C_B>$（φ，ψ）：$= \neg <C_B>$（φ，$\neg \psi$）表示群体 B 认为相对于 φ 来说 ψ 是可能的公共知识。

⑤$I_B \varphi$ 表示 φ 是群体 B 中的群体隐含知识。对偶算子 $<I_B>\varphi$：$= \neg I_B \neg \varphi$，表示群体 B 认为 φ 是可能的隐含知识。

定义 2　（认知框架）$S5_m^B$（RC，D，E）逻辑系统的认知框架是满足下列条件的二元组合 F =（W，$\{R_\square \mid \square \in OP\}$），记为 F^B（RC，D，E）。

①$W \neq \varnothing$，W 是一个非空的可能世界集合；

②$R_\square \subseteq W \times W$，$R_\square$ 是 W 上的一个二元关系；

③$OP = \{1, \cdots, m, E_B, RC_B, I_B\}$，表示一个认知算子的集合。

定义 3　（认知模型）$S5_m^B$（RC，D，E）逻辑系统的认知模型是一个二元组合 M =（F，v），记为 M^B（RC，D，E）。

①F =（W，R）是 L_G^p（RC，D，E）上的认知框架，在此认知框架上没有限定可及关系的条件。

②v：P→F（W）是 F 上的一个真值解释。

③模型 M^B（RC，D，E）有如下性质：

$$\Phi_1: R_i \text{ 是等价关系}, i \in \{1, \cdots, m, E_B, RC_B, I_B\}$$
$$\Phi_2: R_{E_B} = R_1 \cup \cdots \cup R_n, n \leq m$$
$$\Phi_{3a}: R_{I_B} \supseteq R_1 \cap \cdots \cap R_n, n \leq m \qquad (5.4)$$
$$\Phi_{3b}: R_{I_B} \subseteq R_1 \cap \cdots \cap R_n, n \leq m$$
$$\Phi_{4a}: R_{C_B, \Phi} \subseteq (R_{E_B} \cap \| \varphi \|^2)^*$$
$$\Phi_{4b}: R_{C_B, \Phi} \supseteq (R_{E_B} \cap \| \varphi \|^2)^*$$

对于任一个 M^B（RC，D，E）的子类 $M \subseteq M^B$（RC，D，E）和 $\{\Phi_1, \Phi_2, \Phi_{3a}, \Phi_{3b}, \Phi_{4a}, \Phi_{4b}\} \subseteq M^B$（RC，D，E）表示满足 F 条件的模型类。

④φ 在 M 或 F 上有效：

φ 在认识模型 M 上可满足，当且仅当存在一个 $w \in W$，并且 M，w ⊨ φ。

φ 在认识模型 M 上有效，记作 F，v ⊨ φ，当且仅当，对任意 $w \in W$，都有 M，w ⊨ φ。

φ 在认识框架 F 上有效，记作 F ⊨ φ，当且仅当对任意 v，都有 F，v ⊨ φ。

φ 在一个模型类 M 上有效，当且仅当，对所有 $m \in M$，都有 m ⊨ φ。

φ 在一个框架类 F 上有效，当且仅当，对所有 $f \in F$，都有 f ⊨ φ。

定义 4 （真值解释）给定一个认知模型 M =（W，$\{R_\square | \square \in \{1, \cdots, m, E_B, RC_B, I_B\}$，v）和一个可能世界 $w \in W$，如果 φ 在认知模型 M 中是真的，记作 M，w ⊨ φ，那么：

M，w ⊨ P，当且仅当 $w \in v$（P）。

M，w ⊨ ¬φ，当且仅当并非 M，w ⊨ φ。

M，w ⊨ φ∧ψ，当且仅当 M，w ⊨ φ 且 M，w ⊨ ψ。

M，w ⊨ K_iφ，当且仅当对任意的可能世界 v，如果 $v \in R_i$（w），则 M，v ⊨ φ。

M，w ⊨ E_iφ，当且仅当对任意的可能世界 v，如果 $wR_{E_B}v$，M，w ⊨ φ。

M, $w \models I_i\varphi$, 当且仅当对任意的可能世界 v, 如果 $v \in R_B$ (w), 则 M, $v \models \varphi$。

M, $w \models C_B$ (φ, ψ), 当且仅当对任意的可能世界 v, 如果 w ($R_{E_B} \cap \parallel \varphi \parallel^2$)* v, 则 M, $w \models \psi$。

定义 5　（公理和规则）$S5_m^B$（RC, D, E）的证明系统如下。

公理:

①所有命题逻辑重言式。

②K_i ($\varphi \rightarrow \psi$) $\rightarrow$ ($K_i\varphi \rightarrow K_i\psi$)。

③$K_i\varphi \rightarrow \varphi$。

④$K_i\varphi \rightarrow K_iK_i\varphi$。

⑤$\neg K_i\varphi \rightarrow K_i \neg K_i\varphi$。

⑥$E_B\varphi \leftrightarrow K_1\varphi \wedge \cdots \wedge K_n\varphi$, $i \in B$。

⑦C_B (σ, $\varphi \rightarrow \psi$) $\rightarrow C_B$ (σ, φ) $\rightarrow C_B$ (σ, ψ)。

⑧C_B (σ, φ) $\leftrightarrow$ ($\sigma \rightarrow$ ($\varphi \wedge E_p$ ($\sigma \rightarrow C_B$ (σ, φ))))（固定点公理）。

⑨ ($\sigma \rightarrow \varphi$) $\wedge C_B$ (σ, φ) $\rightarrow$ (E_B (σ, φ) $\rightarrow C_B$ (σ, φ)) （归纳公理）。

⑩C_B (σ, φ) $\rightarrow C_Q$ (σ, φ), $Q \subseteq B$。

⑪I_B ($\varphi \rightarrow \psi$) $\rightarrow$ ($I_B\varphi \rightarrow I_B\psi$)。

⑫$I_B\varphi \rightarrow \varphi$。

⑬$I_B\varphi \rightarrow I_BI_B\varphi$。

⑭$\neg I_B\varphi \rightarrow I_B \neg I_B\varphi$。

⑮$K_i\varphi \rightarrow I_B\varphi$, $i \in B$。

⑯$I_B\varphi \rightarrow I_Q\varphi$, $B \subseteq Q$。

推导规则:

①从 φ, $\varphi \rightarrow \psi$ 得出 ψ。

②从 φ 得出 $K_i\varphi$。

③从 φ 得出 C_B (σ, φ)。

解释:

公理①和推导规则②③表示主体知道所有的公理和推导规则, 主体是逻辑理性的。

公理②⑦⑪和推导规则①表示主体知道所有公理的逻辑后承。

公理④⑬是正内省公理，表示主体知道自己知道的知识。

公理⑤⑭是负内省公理，表示主体知道自己不知道的知识。

公理⑧是公共知识的固定点公理，表示命题 φ 相对于命题 σ 是群体 B 的公共知识，当且仅当，如果 σ 成立，那么 φ 成立并且 σ 是群体 B 的普遍知识，那么 φ 相对于 σ 是群体 B 的公共知识。$C_B(\sigma,\varphi)$ 是 $(\sigma\to(\varphi\wedge E_B(\sigma\to C_B(\sigma,\varphi))))$ 的固定点。

公理⑨是归纳公理，相对于命题 σ 来说，"如果 φ 为真，那么 σ→φ 是普遍知识"就为群体 B 的公共知识，这样就有 $E_B^1(\sigma,\varphi)$ 成立，$E_B^2(\sigma,\varphi)$ 成立，直至 $E_B^n(\sigma,\varphi)$，如此，则 $C_P(\sigma,\varphi)$ 成立。

公理⑩表示群体 B 的公共知识也是子群体 Q 的公共知识。

公理⑮表示如果主体知道命题 φ，那么命题 φ 就会成为 i 所属群体 B 的隐含知识。

公理⑯表示如果命题 φ 是群体 B 的隐含知识，群体 B 真包含于群体 Q，那么命题 φ 也是群体 Q 的隐含知识。

除了推导规则①②③之外，$\vdash\varphi \Rightarrow \vdash E_B\varphi$ 和 $\vdash\varphi \Rightarrow \vdash I_B\varphi$ 两个规则也成立。

定理 系统 $S5_m^B(RC,D,E)$ 的定理：

$$C_B(\sigma,\varphi)\to(\sigma\to\varphi)$$
$$C_B(\sigma,\varphi)\to(\sigma\to E_B(\sigma\to\varphi))$$
$$C_B(\sigma,\varphi)\to C_B(\sigma,C_B(\sigma,\varphi))$$
$$\neg C_B(\sigma,\varphi)\to C_B\neg(\sigma,C_B(\sigma,\neg\varphi)) \quad (5.5)$$
$$C_B(\sigma,\varphi\to\psi)\to(C_Q(\sigma,\varphi)\to C_R(\sigma,\psi)),Q\subseteq B,R\subseteq B$$
$$I_i\varphi\leftrightarrow K_i\varphi$$
$$I_B(\varphi\to\psi)\to(I_Q\varphi\to I_R\psi),B\subseteq R,Q\subseteq R$$

含有相对公共知识的认知逻辑公理化系统 $S5_m^B(RC,D,E)$ 中，有普遍知识、隐含知识等知识状态转化的公共知识，有群体和子群体之间公共知识的转换，有公共知识之间的演绎推理。我们由此而获得更多的公共知识。此认知逻辑公理化系统虽然说是含有相对公共知识的内容，但是通过公理和定理得到的公共知识仍然具有推理的必然性，而不是像之前在第四节所说的通过模态化"公共"和"知识"的方法得到的具有或然性的相对公共知识。此认知逻辑公理化系统适用于公共知识的元理论的拓展，或者已经确定了的相对公共知识之间的演绎推理，有一定的借鉴意义。

第六章　相对公共知识的应用

　　主体理性的有限性、沟通渠道的非完美有效性、沟通时间的非同时性是导致沟通不能被保证的重要因素。其中任何一个因素的存在都是多主体知识中最强知识——公共知识不能获得的现实原因。虽然公共知识不能被获得，但其又是达成群体协同行为的必要条件，是生活中不可或缺的高阶知识，那么我们就需要寻求代替公共知识的、知识强度较弱的相对公共知识来解决这一问题。相对公共知识获得的途径是多样化的，我们遵守内部知识的一致性的原则，从形式上通过引入一些具有模态化、相对化的算子来弱化公共知识，或者从实质上依靠改变主体知识状态行为来获得相对公共知识。

　　最为重要的是，一个相对公共知识的获得并不是认知的终结，而是另一个相对公共知识获得的开端，而且一个相对公共知识的获得是主体逐一对多个层级知识的推理，主体对两个连续层级知识的推理都会对应一个相应的主体行为，协同行为伴随着新一层级知识的产生。我们获得相对公共知识，是为了更好地达成群体的协同行为，以及增加群体的知识。

　　那么，相对公共知识获得之后，将会应用到哪些实际问题中呢？我们来看公共信念、公共知识变体、公开宣告、常识等方面对相对公共知识的应用。当然除了这些应用外，还有很多其他应用，比如多人博弈、经济决策等等，这里就不一一赘述。

第一节　公共信念与相对公共知识

　　知识和信念是一对孪生概念。人类凭借着自身的感官能动性成为获得知识的载体。"人类能知道什么"是人类在社会进步和相互交往中进行的灵魂性探索和问答。西方传统知识论者借助信念来定义知识，认为知识和信念是分不开的，可以从信念确证的角度阐释知识的定义。中国陈嘉明教授认为知识的定义来自柏拉图。[①] 柏拉图曾经说过"知识就是得到确证（Justified）的真（Ture）信念（Belief）"。[②] 知识具有三元要素 JTB。而且 D. 刘易斯、R. 齐硕姆（R. Chisholm）、A. J. 艾耶（A. J. Ayer）等著名的知识论者都有类似"三元要素"的观点。

"三元要素"具体表现为以下三个命题。

①命题 φ 为真。

②主体 A 相信命题 φ。

③主体 A 的信念 φ 是得到确证的。

只有具备以上三个要素阐述的条件，我们才可以说"主体 A 知道 φ"。

"三元要素"说明知识是得到确证的真信念，那么，"三元要素"是真信念成为知识的充分必要条件吗？

E. L. 葛梯尔（E. L. Gettier）提出了不同的意见。1963 年，E. L. 葛梯尔在《确证的真信念是不是知识？》一文中针对知识的"三元要素"提出了两个轰动一时的反例：一个是合取反例（conjunctive case），一个是析取反例（disjunctive case）。合取反例即"对于任何一个命题 P，如果 S 有理由相信 P，并且 P 蕴含 Q，那么 S 可以由 P 推出 Q，如果推论的结果是接受 Q，那么 S 就有理由相信 Q"。[③] 如果 P 是一个有证据的但却是虚假的信念，主体 S 根据这一虚假信念进行推理，他有理由相信某种巧合的 Q 为真，Q 会成为确证的真信念。但是实际上 Q 不能成为主体 S 的知识。

E. L. 葛梯尔的反例意味着传统知识论者对知识定义的三要素是不充分的，因为知识确证的条件和真值的条件可以分开来满足，也就是说，真信念可能不能得到确证，有的信念偶然为真。"葛梯尔反例"使得哲学家们

---

① 其实知识的三元要素定义从原则上来说并不是柏拉图的观点，而是柏拉图的反对者泰阿泰德等希腊哲学家对知识的定义。在柏拉图看来，知识是灵魂或理性追随事物的运动，信念是灵魂的功能，二者有同质性。

② 陈嘉明主编《当代美国哲学概论：实在、心灵与信念》，人民出版社，2005，第 241 页。

③ L. Edmund and P. Gettier, "Is Justified True Belief Knowledge?," *Disputatio*, 2013, 2 (3).

认识到仅仅依靠"确证、真、信念"三要素来定义知识是不充分的。所谓的信念证据只能证明不含有逻辑关系的命题，对于含有逻辑关系的命题可能会产生逻辑与事实的偏差错误。他们开始尝试从语境方面来研究知识的问题。

信念和知识的关系是非常密切的，在实际的推理中，信念的提出往往是因为主体运用的知识推理并不必然要求真的知识，信念似乎比知识更适用于推理。公共信念也是基于比公共知识更加适用而提出来的。

一 公共信念的弱化

信念是人们对命题的一种认知态度。公共信念也是刻画一个群体的认知态度。如果群体成员中 p 在群体中宣告"p 相信 φ"，那么"p 相信 φ"将成为群体的公共信念；如果群体成员中其他成员都宣告相信 φ，那么 φ 就成为群体的公共信念。这个群体中所有的公共信念将组成群体的公共信念集。公共信念集形成包括三个状态，即初始公共信念、公共信念的逻辑、公共信念。

初始公共信念是指没有经过推理的信念。

公共信念的逻辑是指公共信念的公理及推导规则。

公共信念就是指在初始公共信念基础上加入公共信念的逻辑形成的群体信念。

不同的群体可以产生不同的公共信念，而且这些公共信念都是建立在群体成员都是理性主体的基础上的。所以"群体内所有成员都是理性主体"这个强假定将成为所有群体的公共信念。

关于公共知识和公共信念的推理都遵循命题逻辑公理及其推导规则，二者密切联系，它们的区别主要体现在知识公理 $[K_i\varphi\to\varphi, i=1, \cdots, n]$ 上，即知识公理在公共知识推理中普遍有效，但是在公共信念推理中却不是普遍有效的，即"$Ca\to a$"在公共信念逻辑中不是必需的。

这是因为，公共知识推理是建立在理性主体的基础上的，理性主体知道所有的重言式，也知道主体所有知识的逻辑后承，但是认知论者认为"知识是被确证的真信念"，也就是说在实际推理中，主体应用的知识推理并不必然要求为真的知识，只要是主体相信的真信念就可以了。所以，有的逻辑学家就认为公共信念比公共知识更为贴近实际推理。

但是，如果滥用信念，那么公共信念推理将会比公共知识推理更容易引发逻辑恐慌或者逻辑无意义。因为主体的信念有可能是主观臆造的，虽然符合逻辑公理及其推导规则，但是有可能并不存在于现实世界中。所以必须把公共知识逻辑吃透了，才可能避免走很多推理的弯路。

比如，约定作为公共知识定义的雏形，可以说是两个或两个以上主体之间产生的信念的一致表达，它和公共知识有着密切关系，从某种意义上说，公共知识就是主体达成约定行为的前提条件。例如父子俩之间的约定。有一对父子，他们事先约定规则：如果在商场里走失找不到对方，就在一楼大厅的服务台等候。所以，他们在商场互相找不到对方的时候，不会惊惶失措，会按照事先的约定，到服务台找对方。"如果在商场里走失找不到对方，就在一楼大厅的服务台等候"是这对父子之间的公共知识，父亲知道儿子知道这个知识，儿子知道父亲知道这个知识，父亲知道儿子知道父亲知道这个知识，儿子知道父亲知道儿子知道这个知识。这个公共知识就是父子达成约定的必要条件。

父子之间的约定仅仅是双主体之间的认知，多主体之间的约定会"约定俗成"，成为群体的认知。比如"红灯停，绿灯行"，这是严格的"约定俗成"，是群体内成员必须遵守的公共知识。再比如"8代表了发，6代表了顺"这是特定地域特定人群相对的"约定俗成"，是特定情境的成员遵守的相对公共知识，也可以说是群体内成员的社会文化背景知识，其会在一定范围内对主体的选择、偏好产生影响。而且约定规则会因为主体逻辑认知的不同，影响约定行为结果的达成效率。

S. 莫瑞斯也认为公共信念可与概率相互结合影响主体的认知度。主体不仅可以对"知识"性质弱化后产生知识强度较弱的公共信念，还可以通过增加概率概念来产生比公共信念知识强度更弱的公共 p-信念、弱公共 p-信念等。这种弱化后形成的公共信念概念在文化现象分析中更具有现实应用的意义。[①]

---

① S. Morris, "Approximate Common Knowledge Revisited," *International Journal of Game Theory*, 1999, 28 (3).

D. 孟德尔和 D. 萨美特、R. 范根和 J. Y. 哈尔彭都介绍过公共信念及相对公共知识的概念。他们对公共知识进行弱化的方式，给我们提供的只是一种理论架构或者理论依据，但是所产生的概念有无意义取决于它有无用途或者用以何途。所以，尽管可以对公共知识进行不同形式和不同程度的弱化，我们还是应该在基于应用的基础上来探讨弱化概念的意义。

所以，用公共信念来代替公共知识，是对公共知识的一种弱化，而公共信念与概率的结合可以产生更弱层级的信念，比如弱公共信念、迭代 p-信念、公共 p-信念、弱公共 p-信念等。

（一）公共信念（common belief）

公共信念是指一个命题是群体成员的公共信念，当且仅当群体中的每个人相信它，每个人相信每个人相信它，每个人相信每个人相信每个人相信它，以此类推。如果一个命题是群体的共同分享信念，那么这一命题是群体的公共信念，即如果 $\varphi \to E\varphi$ 成立，那么 $E\varphi \to C\varphi$ 成立。

公共信念也具有层级无限性的特征。1996 年，L. 李斯蒙特和 P. 摩根在《信念封闭：公共知识的模态逻辑语义》一文中，详细地描述了公共信念的层级解释和固定点解释，定义了个体信念封闭语义和公共信念封闭语义。[1]

（二）弱公共信念（almost common belief）

所谓弱公共信念，是指对于一个命题，群体中的大多数人相信它，并且大多数人相信大多数人相信它，大多数人相信大多数人相信大多数人相信它，以此类推。

弱公共信念概念的提出既是在弱公共知识基础上对"知识"性质进行弱化的结果，又是在公共信念的基础上对"公共"性质进行弱化的结果。从它的产生的方式上看，它在公共性质上比公共信念要弱，但是在信念程度上不一定是最弱的，因为用同样的方法，还可以产生更弱的公共 p-信念等。

（三）迭代 p-信念（iterated p-belief）

我们先来考虑用双主体认知说明迭代 p-信念。

---

[1] L. Lismont and P. Mongin, "Belief Closure: A Semantic of Common Knowledge for Modal Propositional Logic," *Mathematical Social Sciences*, 1996, 31 (3).

假定有主体 a 和主体 b。如果事件 E 是单个主体 p-信念，那么主体将以至少 p 的概率相信事件 E，形式化为 $B_a^p E$。

如果事件 E 是迭代 p-信念，那么主体 a 和 b 都至少以 p 的概率相信他们彼此至少以 p 的概率相信事件 E，以此类推。

如果事件 E 对于主体 a 来说是迭代 p-信念，那么主体 a 至少以 P 的概率相信事件 E，主体 a 至少以 p 概率相信主体 b 至少以 p 概率相信事件 E，主体 a 至少以 p 的概率相信主体 b 至少以 p 的概率相信主体 a 至少以 p 的概率相信事件 E，以此类推。如果事件 E 对于主体 b 来说是迭代 p-信念，同样如此。具体形式化为：

$$I_a^p E \equiv B_a^p E \cap B_a^p B_b^p E \cap B_a^p B_b^p B_a^p E \cap \cdots$$
$$I_b^p E \equiv B_b^p E \cap B_b^p B_a^p E \cap B_b^p B_a^p B_b^p E \cap \cdots \tag{6.1}$$

定义 1　（层级的无限性）：如果事件 E 是迭代 p-信念，那么事件 E 对于主体 a 和 b 来说都是迭代 p-信念。

形式化为：

$$w \in I_i^p E \equiv I_a^p E \cap I_b^p E \tag{6.2}$$

定义 2　（固定点特征）：如果 E 是迭代 p 信念，那么这里存在一个至少以 p 为概率的事件集 ε，并且 $B_i^p E \in \varepsilon$，$w \in F$，$F \in \varepsilon$，$F \subseteq \Omega$。

例如：

假设 $\Omega = \{1, 2, 3, 4, 5, 6\}$；a= { (1, 2), (3), (4), (5, 6) }；b= { (1, 3, 4), (2, 5, 6) }；p (w) = 0.6；$w \in \Omega$。

如果 $E^* = \{1, 2, 3\}$，那么 $I^{0.6} E^* = \{3\}$。先来看层级的无限性，再用固定点特征来验证。

$$B_a^{0.6} E^* = \{1, 2, 3\};$$
$$B_b^{0.6} E^* = \{1, 3, 4\};$$
$$B_b^{0.6} B_a^{0.6} E^* = \{1, 3, 4\};$$
$$B_a^{0.6} B_b^{0.6} E^* = \{3, 4\};$$

那么此时 $B_a^{0.6} \{1, 2, 3\} = \{3, 4\}$，$B_b^{0.6} \{1, 3, 4\} = \{1, 3, 4\}$。

如果 $I_a^{0.6} E^* = \{3, 4\}$，$I_b^{0.6} E^* = \{1, 3, 4\}$，$I^{0.6} E^* = \{3\}$，并且概率

事件集 $\varepsilon = \{ (1, 2, 3), (1, 3, 4), (3, 4) \}$。

如此，对于双主体 a 和 b 来说，$B_i^{0.6}E^* \in \varepsilon$，$E^* \in \varepsilon$。

（四）公共 p-信念（common p-belief）

公共 p-信念的提出是指采用概率的方法来对信念程度进行量化。p 的标准概率设置是 $p \in [0, 1]$。当 p=1 时，公共 p-信念就可以描述为公共 1-信念，基本等同于公共信念。

公共 p-信念的定义即为假设概率 $p \in [0, 1]$，如果某个事件是"公共 p-信念"，那么群体中的每个人至少以 p 概率相信它，群体中每个人至少以 p 概率相信每个人至少以 p 概率相信它，以此类推。这个定义是由 D. 孟德尔和 D. 萨美特提出的。[①] 定义也是依托固定点解释展开的。公共 p-信念比公共信念的公共强度要弱，它对于相对协同行为是充分的，这是 S. 莫瑞斯和 H. 辛在《近似公共知识和协同行为：博弈论的最新教训》一文中提出的。[②]

以双主体为例，公共 p-信念可以形式化为：

$$B_*^p E \equiv B_a^p E \cap B_b^p E \tag{6.3}$$

定义 1　（层级的无限性）

如果一事件 E 在可能世界 w 上是公共 p-信念，那么：

$$w \in C^p E \equiv \bigcap_{n \geq 1} [B_*^p]^n E \equiv B_*^p E \cap B_*^p B_*^p E \cap B_*^p B_*^p B_*^p E \cap \cdots \tag{6.4}$$

定义 2　（固定点特征）

如果一事件 E 在可能世界 w 上是公共 p-信念，那么：

①存在一事件 $F \in w$，并且概率事件集 $\varepsilon = \{E: F \subseteq E\}$，那么 $F \subseteq B_*^p E$。

②存在事件 $F_a \in w$，$F_b \in w$，$\varepsilon = \{E: F_a \subseteq E, F_b \subseteq E\}$，那么 $F_a \subseteq B_a^p F_b$，并且 $F_b \subseteq B_b^p F_a$。

① D. Monderer and D. Samet, "Approximating Common Knowledge with Common Beliefs," *Games and Economic Behavior*, 1989, (1).

② S. Morris and H. Shin, "Approximate Common Knowledge and Co-ordination: Recent Lessons from Game Theory," *Journal of Logic, Language, and Information*, 1997, (6).

公共 p-信念不同于迭代 p-信念。

当 p≠1 时，公共 p-信念不等同于迭代 p-信念。假如一个信念是公共 p-信念，它必须是迭代 p-信念，但是一个信念是迭代 p-信念，却不一定是公共 p-信念。但是如果 p<1，并且 p 无限接近 1，那么如果一个事件 E 是迭代 p-信念，这个事件 E 也会是公共 p-信念。公共 1-信念与迭代 1-信念是互相等同的，相当于公共知识。

D. 孟德尔和 D. 萨美特认为在研究缺乏公共知识的均衡策略的时候，公共 p-信念是相对公共知识的本质概念。[①] S. 莫瑞斯则认为在不完全信息博弈中迭代 p-信念是相对公共知识的相关概念。[②]

（五）弱公共 p-信念（weak common p-belief）

弱公共 p-信念的提出最早见于 J. 盖纳科普洛斯（J. Geanakoplos）。[③] S. 莫瑞斯在《近似公共知识修正》中继续对弱公共 p-信念概念进行研究。

公共 p-信念和迭代 p-信念这两种近似公共知识的概念结合的结果是产生弱公共 p-信念。弱公共 p-信念比公共 p-信念更弱，被称为公共 p-信念的替代概念，但是它对相对协同行为和相对贸易行为结果来说是充分的。

如果主体得到的糟糕的信息越多，越削弱某事件成为公共 p-信念。

给定事件 E 的公共 p-信念就是一个最大化的信息集合。每个个体可以通过渠道获得事件 E 的部分信息，而不需要获得全部的信息。因此，一个事件 E 是弱公共 p-信念，那么事件 E 就是给定了个体信息的公共 p-信念，或者是给定任何糟糕信息的公共 p-信念。换言之，相对于公共 p-信念，个体获取糟糕信息越多越可能削弱一个事件 E 的公共 p-信念。

定义 1　（层级的无限性）如果在可能世界 w 中事件 E 是弱公共 p-信念，那么在一些非精细化的 L 情境中事件 E 是公共 p-信念。简单地说，如果事件 F_a 和 F_b 是弱公共 p-信念，那么二者要么是空集，要么 p $[F_a \mid F_b]$ ≥p，并且 p $[F_b \mid F_a]$ ≤p。

---

① D. Monderer and D. Samet, "Approximating Common Knowledge with Common Beliefs," *Games and Economic Behavior*, 1989, (1).

② S. Morris, "Approximate Common Knowledge Revisited," *International Journal of Game Theory*, 1999, (28).

③ J. Geanakoplos, *Approximate Common Knowledge*, New Haven: Yale University, 1994.

定义2 （固定点解释）如果在可能世界 w 中事件 E 是弱公共 p-信念，当且仅当存在一个以概率 p 验证的弱事件 $F_a \cap F_b$，$w \in F_a \cap F_b$，$P[E|F_i] \geqslant p$，$i \in \{a, b\}$。

这种观点源于 J. 盖纳科普洛斯。[①]

迭代 1-信念、公共 1-信念和弱公共 1-信念是等同的，当 p=1 时，所有的事件 E：$I^1E = C^1E = W^1E$。

二 主体信念集的变化

当群体中拥有不同知识的主体间相互传递信息时，每个主体将接收的信息整合到已有知识（信念）中，分析其他主体对这些信息的认知，考虑自己关于其他主体对这些信息的了解，每个主体因为交互知识的不断变化而积累到更多的知识，当这种交互知识的迭代推理被应用有限次并导致每个主体都同时拥有相同的知识时，这种知识就是群体的相对公共知识。相对公共知识的获得本身就是主体认知的结果。主体通过对已有知识（信念）和行为引起的知识变化推理，完成对相对公共知识的认知。相对公共知识的获得也是知识和行为相互作用的结果。这种相互作用不是仅仅一个认知回合就可以完成的，而是"知识—行为—新状态—新知识"这样一个不断演绎的多认知回合推理过程。

知识被认为是经过确证的真信念，那么相对公共知识也可以被认为是经过确证的公共信念。所以，相对公共知识的获得会依赖于群体信念集的变化。如果运用可能世界语义学的方法，从认知逻辑的角度分析群体信念集的变化、知识和行为相互作用，会有利于相对公共知识的获得。

相对公共知识的获得方式之一是对群体已有知识（信念）的处理。这种已有知识（信念）可以称为主体的初信念集[②]。从主体信念集变化的角度来看，我们获得相对公共知识的过程是：在群体的初信念集中加入新语句，主体再通过演绎推理来获得新信念集中包含的相对公共知识。

在群体的协同行为中，主体最初的信念集与获得的新信念集所包含的

---

① J. Geanakoplos, "Common Knowledge," *Journal of Economic Perspectives*, 1992, 6 (4).
② 初信念集也可以被看成一个一致的、无矛盾的、封闭演绎的语句集。

信念是不同的。新信念集中一定有从初信念集继承下来的信念，可能有与初信念集相悖的信念，还可能有扩充的新信念。所以在相对公共知识的整个演绎推理过程中，信念集是不断变化的。

那么信念集是如何变化的？

第一，通过扩充信念获得相对公共知识。群体知识状态的变化的最终结果是获得相对公共知识。这种变化首先体现在信念的扩充上。主体在初信念集 p 中加入新语句 φ，使得初信念集得到扩充，进而得到新信念集 q。新信念集 q 中包含的扩充的新信念就是获得的相对公共知识。要实现信念的扩充，要求新语句 φ 与初信念集 p 具有知识的一致性，不能有相悖的信念。而且获得的新信念集 q 与初信念集 p 和新语句 φ 都具有知识的一致性。

用 p+φ 表示 φ 扩充信念集 p，那么 p+φ 在演绎推理下是封闭的，当 p 与 φ 一致时，q 与 p 和 φ 也是一致的。

例如：双主体 a 与 b 之间的问与答。

a 问：我们会实现民族复兴吗？

b 答：是的。

我们用 φ 表示"我们会实现民族复兴"。双主体问与答的信念集扩充变化如下。

①在 a 提问前，a 自己并不知道 φ 是否成立，即 $\neg K_a\varphi \wedge \neg K_a \neg \varphi$。

②a 向 b 提问时，a 认为 b 有可能知道 φ 是否成立，即 $<K>_a\varphi$（$K_b\varphi \vee K_b \neg \varphi$）。

③b 知道 φ 成立，于是 b 回答"是的"，即 $K_b\varphi$。

④a 知道了 φ 成立，b 知道 a 知道了 φ 成立，a 知道了 b 知道了 a 知道 φ 成立，以此类推，这种任意有穷深度的迭代推理，使得 φ 成为 a 和 b 之间的相对公共知识，即 $C_{\{a,b\}}\varphi$。

在初信念集 p（$\neg K_a\varphi \wedge \neg K_a \neg \varphi \wedge <K>_a\varphi$（$K_b\varphi \vee K_b \neg \varphi$））中加入了新语句 φ，于是在 a 和 b 中形成了一个新信念集 q（$C_{\{a,b\}}\varphi$）。通过 φ 信念扩充 p 得到 q，q 与 p 和 φ 具有知识的一致性。

第二，通过修正信念获得相对公共知识。在群体的初信念集 p 中加入新语句 φ，使得初信念集得到修正，进而得到新信念集 q。相对公共知识包含在新信念集 q 中。信念需要修正是因为新语句 φ 与初信念集 p 并不具有知识的一致性，φ 与 p 相悖，如果要使信念集最终保持知识的一致性，必须将初信念集中的部分语句进行修正才能得到新信念集 q。新信念集 q 必然与新语句 φ 具有知识的一致性。

用 p*φ 表示 φ 修正信念集 p，那么 p*φ 在演绎推理下也是封闭的，q 与 φ 是一致的。

例如：假设群体 G 有一个包含四个语句的初信念集 Σ（A，B，C，D）。

①所有的斑马都是黑白相间的（A）。

②动物园里有四匹斑马（B）。

③这四匹斑马都来自埃塞俄比亚（C）。

④埃塞俄比亚属于热带（D）。

这时有主体公开宣告新语句 E 成立，即⑤实际上刚刚发现澳大利亚的一匹斑马是白色的（E）。

假设 φ 表示"所有的斑马都是黑白相间的"，那么加入 E 语句，意味着¬φ 为真。语句 E 中包含了与初信念集 Σ 不具有知识一致性的信息，主体一旦接受了¬p，就必须放弃初信念集合中的某些信念，并做出修正。所以，我们应该对与¬p 相悖的 A 语句进行修正。当然，我们不可能放弃初信念集中的所有语句，只要修正 A 语句就可以了。这样可以得到新语句：⑥并不是所有的斑马都是黑白相间的（F）。

修正后得到的 F 语句成为群体 G 的相对公共知识，是群体 G 的新信念集中的一个语句。新信念集中仍然包含初信念集中的 B、C、D 语句，并且 B、C、D、E、F 语句具有知识的一致性。

其实这样通过修正信念得到的相对公共知识的例子有很多，比如"鸟会飞"，"鸵鸟是鸟，但不会飞"，所以"并不是所有的鸟都会飞"。但是现实生活中离不开像"鸟会飞"这样的常识推理，毕竟相反的个例很少。

第三，通过收缩初信念集获得相对公共知识。在群体的初信念集 p 中加入新语句 φ，使得初信念集收缩，进而得到新信念集 q。相对公共知识亦包含在新信念集 q 中。值得注意的是，新语句 φ 原属于初信念集 p，是初信念集 p 的一部分。φ 为真意味着初信念集 p 与 φ 相悖的部分必须被删除，才能保持知识的一致性。新信念集 q 与新语句 φ 具有知识的一致性。

用 p-φ 表示 φ 收缩信念集 p，那么 p-φ 在演绎推理下是封闭的，q 与 φ 是一致的。

例如：一些真语句在公开宣告后可能变成假语句，必须删除合取肢。群体 G 的初信念集是"￢ $K_G φ ∧ φ$"，表示"G 不知道 φ，但是 φ 为真"。当公开宣告 φ 为真后，φ 成为群体 G 的相对公共知识，那么初信念集中第一个合取肢就成为假语句，必须被删除，所以最后新信念集只包含语句 φ。只要是不包含认知算子语句的公开宣告！φ 都会产生 φ 的相对公共知识。

我们可以建立一个认知模型来说明公开宣告 φ 后满足条件的所有可能世界（见图 6-1）。

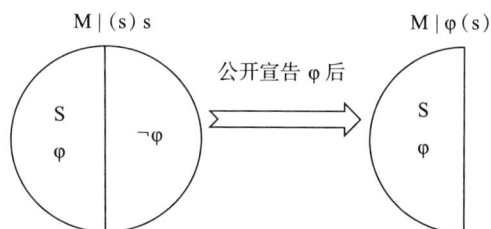

图 6-1 公开宣告 φ 后满足条件的所有可能世界

在群体 G 中公开宣告语句 φ 后，初始认知模型 M | (s)（s 是现实世界）更新到新认知模型 M | φ (s)，￢ φ 所在的可能世界全部被剔除。

第四，信念的扩充、修正、收缩之间并没有界线，它们之间相互交叉、相互作用、互为解释。具体内容如下。

①信念的修正实质上可以被认为是一种信念的扩充，即 p＊φ⊆p+φ。

②如果新语句 φ 与初信念集 p 具有知识的一致性，信念的扩充也可以被认为是信念的修正，即（￢ φ∉p）→（p+φ⊆p＊φ）。

③信念的修正 p＊φ 可以被认为是用￢ φ 收缩 p，去除 p 中与 φ 相矛盾的语句，再被 φ 扩充得到，即 p＊φ＝（p-￢ φ）+φ。

④信念的收缩也可以用修正表示，即 p-φ＝（p＊￢ φ）∧p。

⑤初信念集 p 经过加入新语句 φ 修正后仍然是一个信念集，也就是说相对公共知识的获得是信念集的更迭，即 p＊φ＝Cn（p＊φ）。

⑥新的相对公共知识必然包含在修正后新的信念集中，即 φ∈p＊φ。

⑦如果新语句 φ 与初信念集 p 中的某些语句相悖，也就是￢ φ 成立，

那么修正后的新信念集与 p 不具有知识的一致性，即 $p*\varphi=p\bot$[①]，当且仅当 $\vdash\neg\varphi$。

⑧如果分别加入的两个新语句是等值关系，那么修正后的两个新信念集也是等值关系，也就是说信念修正结果与新语句的语形没有关系，即 $(\varphi\leftrightarrow\psi)\rightarrow(p*\varphi\leftrightarrow p*\psi)$。

⑨如果初信念集被两个语句同时修正，那么新信念集可以先被一个语句修正，再被另一个语句扩充得到，即 $p*(\varphi\wedge\psi)\subseteq p*\varphi+\psi$。

⑩如果 ψ 与 $p*\varphi$ 具有知识的一致性，那么通过先被 φ 修正，再被 ψ 扩充得到新信念集可以看成被两个语句同时修正得到，即 $(\neg\psi\notin p*\varphi)\rightarrow p*\varphi+\psi\subseteq p*(\varphi\wedge\psi)$。

⑪新语句 φ 的加入不会改变原子语句事实，但会改变主体的有知或无知的状态，这种主体知识状态的改变结果就是相对公共知识的获得。

在这里，初信念集就是群体在获得相对公共知识前的知识状态，新语句充当着信念扩充、修正或收缩的作用，新信念集就是包含获得的相对公共知识在内的主体的知识状态。它不仅仅包含新相对公共知识，还包含初信念集中的部分知识。相对公共知识就是通过在初信念集中加入新语句，使得初信念集扩充、修正或收缩得到的新知识。所以相对公共知识的获得过程是从一个信念集演绎推理到另一个信念集的不断更迭的过程。总之，新信念集不会全部摒弃初信念集中的知识，而是会对其部分知识进行扩充、修正或收缩。

三　主体对公共信念的认知

相对公共知识的获得意味着命题 φ 经过有限步可及关系运算后在所有可通达的可能世界中为真。相对公共知识的获得也就是新信念的产生，可以看作一种认知更新活动。

这种认知更新活动会包含两个方面。

一是从已有的信念集获取新信息。

二是从主体行为产生新信息。

---

① "$p\bot$" 表示信念集不一致。

前者着重于对知识的处理，后者着重于对主体行为导致的知识状态动态变化的处理。

知识的处理就是厘清初信念集中各项知识之间的关系，包括因果归因关系、特征归纳关系等，通过逻辑推理获得相对公共知识。如果不考虑新语句加入的方式，也就是不考虑产生新语句的主体行为，我们就可以将其理解为对知识的处理。

主体行为导致的知识状态的变化的处理就是将行为算子纳入认知算子中进行逻辑推演。新语句的加入也许是依靠简单的主体行为，比如公开宣告、面对面交流，更多也许是依赖复杂的行为组合，比如公开宣告+迭代等。而这些行为导致主体知识状态的动态变化，也就是说相对公共知识的获得过程是一个"初信念集→行为→状态→新信念集（相对公共知识）"的过程。

从动态认知逻辑的角度来说，主体行为对知识状态变化的处理是建立在规约公理基础上的。相对公共知识本身没有规约公理，但是通过引入条件相对公共知识的规约公理，再加入行为算子，就可以作用于更强的相对公共知识。

（1）$C_G\varphi$ 是公共知识基本特征的形式化表征，意思是命题 φ 是群体 G 的公共知识。

（2）为了得到 $C_G\varphi$ 的规约公理，可以先引入条件相对公共知识 C_G（A，φ），表示命题 φ 经过有限步可及关系运算后在所有可通达的可能世界中为真，并且这些可能世界都满足 A，也就是说，要想 φ 成为群体 G 的相对公共知识，就必须满足条件 A。从 C_G（A，φ）的认知模型来看，命题 φ 是由条件 A 表征的认知模型上的相对公共知识。公共知识算子 $C_G\varphi$ 相较于 C_G（A，φ）虽然少了条件 A，但是如果条件 A 是恒真的，那么 $C_G\varphi$ 就等同于 C_G（T，φ），$C_G\varphi$ 成为条件相对公共知识的一个特例。

（3）如果条件 A 的成立对应的是一个简单的公开宣告的主体行为，那么我们就可以在条件相对公共知识 C_G（A，φ）中加入公开宣告的行为算子得到这样的规约公理：

$$[\,!\,A]C_G\varphi\leftrightarrow C_G(A,[\,!\,A]\varphi)① \tag{6.5}$$

等值式左边表示如果公开宣告 A，那么 φ 成为群体 G 的相对公共知识；等值式右边表示如果公开宣告 A 得到 φ，必须满足条件 A，也就是 A 为真，这成为群体 G 的相对公共知识。从等值式右边可以看出，初始认知模型 M 中对应于满足公式 $[\,!\,A]$ φ 的所有可能世界；从等值式左边可以看出，用 ! A 更新之后，新认知模型 M | A 中对应于满足 φ 的所有可能世界。而且，如果命题 φ 不是带有认知算子的命题，那么 φ 基本上就等同于 $[\,!\,A]$ φ，并且条件句 A→φ 也等同于 $[\,!\,A]$ φ。

（4）如果公开宣告的行为对应的并不是单个相对公共知识，而是多个相对公共知识，也就是信念集的扩充，那么结合了行为+认知的组合断言的规约公理是：

$$[\,!\,A]C_G(\varphi,\psi)\leftrightarrow C_G(A\wedge[\,!\,A]\varphi,[\,!\,A]\psi) \tag{6.6}$$

这个规约公理依然是遵循条件相对公共知识 C_G（A，φ）的规约公理。等值式左边表示如果公开宣告 A，φ 和 ψ 成为群体 G 的相对公共知识，也可以说"φ 是 ψ 成立的条件"是群体 G 的相对公共知识。等值式右边表示如果 A 为真且公开宣告 A 得到 φ 成立，那么公开宣告 A 得到 ψ 成立，这成为群体 G 的相对公共知识。在这个规约公理里面已经包含了主体的复杂行为和认知刻画，所得到的相对公共知识是更强的知识状态。

（5）条件相对公共知识的规约公理可作用于知识状态相对较强的相对公共知识。能够给主体带来知识状态改变的行为有很多，简单的行为有公开宣告，复杂的行为有"秘密告知""欺骗"等。还有基于时间连续性的行为：叙说了一个事件后紧接着再叙说另一个事件这样的行为程序组合，针对某个事件的重复叙说这种行为的迭代组合，在涵盖的所有选择中依次去选择某个断定。不论主体的行为如何复杂，只要在语言上将知识的语句和行为的算子结合起来，加入条件相对公共知识的规约公理，就可以表达更强的相对公共知识。比如公开宣告+迭代的行为组合：

$$[\,!\,A][\,!\,B]\varphi\leftrightarrow[\,!\,(A\wedge[\,!\,A]B)]\varphi \tag{6.7}$$

---

① ［！］表示公开宣告行为算子,[！A]表示公开宣告 A。

等值式的左边表示经过连续两次公开宣告［！A］和［！B］，φ成立。等值式右边表示经过 A 成立并且公开宣告 A、B 成立的公开宣告，φ成立。也就是说，φ成立是建立在 A 和 B 两个条件成立的基础之上的，并且公开宣告 A 和 B 成立是时间连续性行为。φ就是基于条件 A 和条件 B 的更强的相对公共知识。

我们以"抛掷硬币"（见第二章）的案例说明主体行为和知识的变化。主体 a 和 b 的初信念集包含的语句及其形式化刻画如下。

①a 不知道硬币正面朝上，即¬ $K_a\varphi$。

②b 不知道硬币正面朝上，即¬ $K_b\varphi$。

③a 知道硬币正面朝上或者朝下，即 K_a (φ∨¬φ)。

④a 知道 b 不知道硬币是否正面朝上，即 K_a (¬ $K_b\varphi$∧¬ K_b¬φ)。

⑤a 知道自己不知道硬币是否正面朝上，即 K_a¬ $K_a\varphi$。

⑥a 知道自己知道硬币是否正面朝上，即 K_aK_a (φ∨¬φ)。

用φ表示硬币正面朝上，¬φ表示硬币正面朝下。以上语句只是描述了主体 a 的信念，主体 b 的信念同 a 的信念。b 的信念同样包含在 a 和 b 的初信念集中。主体 a 和 b 的信念不仅包含普遍信念（低阶信息），还包含关于自身的正内省信念和负内省信念，更包含 a 关于其他主体的信念（高阶信息）。

a 和 b 的行为刻画是：用公开宣告 A 描述 a 和 b 一起打开盒子看到硬币正面朝上的简单行为，即！［A］。

通过附着在简单行为上的新语句修正初信念集得到新信念：φ成为主体 a 和 b 的相对公共知识，即 $C_{|a,b|}\varphi$。

我们加入条件相对公共知识的规约公理，就可以描述"抛掷硬币"案例中主体行为带来的知识状态变化：

$$[!\ A]C_{|a,b|}\varphi \leftrightarrow C_{|a,b|}(A,[!\ A]\varphi) \tag{6.8}$$

我们还可以运用可能世界来验证上述主体的行为带来的知识状态变化。主体 a 和 b 初信念集中的知识状态如图 6-2 所示。

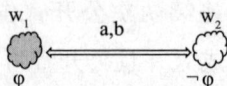

图 6-2　主体 a 和 b 初信念集中的知识状态

w_1 和 w_2 代表两个可能世界，信念 φ 所在的可能世界 w_1 代表现实世界。两个可能世界之间的连接横线表示主体 a 和 b 在初信念集中不可区分 φ 和 $\neg\varphi$ 这两种信念，也就是说两个主体认为这两种信念都是有可能的。所以无论主体处于哪个世界，他们会认为这个世界本身就是 w_1 或 w_2 两个可能世界中的一个，w_1 和 w_2 这两个可能世界与自身都有可及关系。

我们据此可以建构一个初信念集和语句变元集[①]的三元认知模型 $M =$ (W, R, V)。其中，主体集 $G = \{a, b\}$；语句变元集 $P = \{\varphi\}$；可能世界集 $W = \{w_1, w_2\}$；R 是可及关系，$R_a = R_b = \{(w_1, w_1), (w_1, w_2),$ $(w_2, w_1), (w_2, w_2)\}$；V 是现实世界，$V(\varphi) = \{w_1\}$。

通过认知模型 $M = (W, R, V)$，可以推出初信念集中包含的语句如下。

①$M, w_1 \models \neg K_a\varphi$。

②$M, w_1 \models \neg K_b\varphi$。

③$M, w_1 \models K_a(\varphi \vee \neg\varphi)$。

④$M, w_1 \models K_a(\neg K_b\varphi \wedge \neg K_b\neg\varphi)$。

⑤$M, w_1 \models K_a\neg K_a\varphi$。

⑥$M, w_1 \models K_aK_a(\varphi \vee \neg\varphi)$。

(M, w_1) 是公开宣告后主体 a 和 b 认知状态的表达。(M, w_1) 可以用可能世界来表述（见图 6-3）

图 6-3　公开宣告后主体 a 和 b 认知状态

---

① 附着在行为上的新语句可以是单个的，也可以是多个的，当新语句是多个时，我们称之为"语句变元集"。

在初信念集中 a 和 b 不能区分 φ 和 ¬ φ 这两种信念，但是经过公开宣告的行为后，a 和 b 是可以区分这两个信念哪个为真的。

据此，我们可以建立另一个新信念集的三元认知模型 M′ =（W′，R′，V′）。其中，主体集 G = {a，b}；语句变元集 P = {φ}；可能世界集 W′ = {w_1}；R′是可及关系，R'_a = R'_b = {（w_1，w_1）}；V′是现实世界，V（φ）= {w_1}。

通过这个认知模型 M′ =（W′，R′，V′），可以推出新信念集中包含的语句：

$$M,w_1 \models C_{\{a,b\}} \varphi \tag{6.9}$$

认知模型所表达的是主体的认知状态，与客观世界的真实状况是没有绝对对等关系的。因为不论 a 和 b 是否打开盒子，盒子里的硬币一直是正面朝上的。也就是说，a 和 b 的行为没有改变客观世界的现实状况，它所改变的只是主体 a 和 b 的认知状态。从认知模型 M 到认知模型 M′的变化来看，主体 a 和 b 因为公开宣告行为的影响，知识状态进行了更新，信念集发生了改变。主体认知状态改变体现在从一个信念集更新到另一个信念集，获得了相对公共知识。

四　获得公共信念的原则

公共信念的获得源于主体对知识（信念）的处理，以及主体对行为导致的知识状态改变的处理。因此，公共信念获得必须遵循以下三个原则。

第一，内部知识一致性原则。

主体要获得公共信念，需特别强调同时性和知识的一致性。知识的一致性是建立在同时性基础上的。鉴于主体并非一直保持逻辑理性，同时性很难达到，因此主体在同一时间不可能拥有相对等的知识，也就达不到知识的一致性。但是，一个认知解释在不能保持知识一致性的情况下，却可以具有内部知识的一致性。也就是说假设一个认知解释是一个知识解释，如果主体获得的信息都不会与此假设相矛盾，那么主体所获得的信息与原先的认知解释具有内部知识的一致性。

由于通过信念集扩充、修正、收缩获得公共信念应与初信念集或新语句具有内部知识的一致性，公共信念是与初信念集具有内部知识的一致性，还是与新语句具有内部知识的一致性，这取决于信念集改变的类型——扩充、修正还是收缩，同时取决于初信念集与新语句是否具有内部知识的一致性。具体来说，一方面，初信念集与新语句具有内部知识的一致性，那么通过信念扩充获得的公共信念与初信念集和新语句皆具有内部知识的一致性；另一方面，通过信念修正或收缩获得的公共知识与初信念集和新语句不一定具有内部知识的一致性，但与新语句和初信念集二者间是否具有内部知识的一致性有密切关系。如果新语句和初信念集具有知识的一致性，那么演绎推理获得的公共信念与二者都具有内部知识的一致性。但是如果新语句与初信念集相悖，那么就会对初信念集进行修正，剔除不一致的知识。剔除的部分不是新语句含有的知识，而是其与初信念集相悖的知识。所获得的公共信念与新语句必然具有内部知识的一致性。

总之，获得公共信念与内部知识的一致性密切相关。只有具有内部知识的一致性才会获得公共信念，即获得公共信念离不开内部知识的一致性。内部知识的一致性原则是获得公共信念的必要条件。

第二，信念最小改变原则。

信念最小改变原则是说当初信念集与新语句发生冲突的时候，尽可能保持初信念集中的信念。这里说的尽可能保持原有的信念，并不是不改变，只是剔除初信念中与新语句相悖部分信念，或者扩充初信念集，其余部分信念仍然继续保留在新信念集中。所以，最小改变原则是针对新信念集必须保留的初信念集中的部分信念遵守的原则。信念最小改变原则与内部知识一致性原则本质上是相通的。主体要使信念实现最小改变，就必须遵守内部知识一致性原则，也可以说信念最小改变原则是内部知识一致性原则的一种相对体现。

在公共信念的获得过程中，如何实现信念最小改变原则呢？

（1）始终坚持以得到群体中多数主体的认可，来保持主体对初信念集中的知识和新语句的拥有程度尽可能达到最高，这样大多数主体会据此演绎推理出一致的公共信念，尽可能地减少信念的改变。

（2）始终坚持以某一概率相信某一事件，以某一概率相信其他主体以某一概率相信某一事件，来保持主体对某一事件相信的信念程度，这种概率的使用也是实现信念较小改变的方式之一。

（3）始终坚持对沟通时间做出的限制，模态化时间的同一性，达成类似的同一时间主体间拥有相对等的知识的目标，进而使各主体做出相同的演绎推理，来减少主体信念的改变。

（4）始终坚持运用协同软件、电子邮件等网络技术，使得沟通渠道近乎完美有效，并以此来获得公共信念，这也是实现信念最小改变的有效手段。

主体信念最小改变的方法基本上也是公共知识弱化的方式，不同的是前者着重于主体信念改变的程度，而后者着重于在现实生活中应用的程度。

第三，新语句优先选择原则。

新语句优先选择原则是说只要加入新语句，新语句蕴含的知识必然有效，主体要在信念的扩充、修正、收缩过程中优先选择新语句蕴含的新知识。新语句的加入方式可能是简单的群体行为，比如公开宣告。一旦公开宣告新语句，那么就会在群体中形成三个公共信念。

（1）新语句蕴含的知识是有效的。

（2）如果新语句蕴含的知识与初信念集相悖，那么优先选择新语句，剔除初信念集中与其相悖的部分。

（3）新信念集中必然包含新语句蕴含的知识，剔除了初信念集中与其相悖的部分。新信念集与新语句具有内部知识的一致性。

公开宣告意味着新语句为真，主体必然要接受新语句，而不是剔除它。这在"鸟会飞"的例子中已经显而易见了。新语句蕴含的知识优先选择本质上也是遵循内部知识的一致性原则。

概言之，主体对知识（信念）的处理，以及对行为导致的知识状态改变的处理需要遵循内部知识一致性原则、信念最小改变原则和新语句优先选择原则。其中，内部知识一致性原则是根本性原则。

综上所述，公共信念获得过程可以看成多主体的一种认知信息的更新活动。在这种活动中，主体一方面要对知识（信念）进行处理，从一个信念集推理演绎到另一个包含公共信念的新信念集；另一方面要对行为导致的知识状态的改变进行处理，将认知语句与行为算子结合起来，加入条件公共知识的规约公理，表达出知识和行为之间的动态变化。在二者的处理过程中，主体首要的是遵循内部知识的一致性原则，尽可能保持信念最小改变原则，并且优先选择新语句蕴含的知识。

公共信念在现实生活中是比公共知识更合适协同行动的知识，更好地阐释了多主体、多主体信念和多主体行为之间的关系。

第二节　时间算子与相对公共知识

我们解决绝对意义上的公共知识在现实生活中难以获得的问题，可以加入时间算子来对公共知识进行弱化。可以采用一个全球时钟，设置一个时间间隔来精确主体的信念度，主体会在一个时间间隔内获得相对公共知识，或者做出附有时间戳的行为。这样获得的相对公共知识被称为带有时间算子的公共知识变体。根据加入时间算子的不同，我们可以得到三种公共知识变体——时间间隔公共知识、可能公共知识、时间戳公共知识。

这三种公共知识变体在现实生活中有很多的应用，比如签订一份建筑工程合同，会在合同中严格规定工程完工阶段的具体日期，到了那个日期，所涉人员都会知道第一阶段已经完成，即将开始第二阶段的施工。这就是时间间隔公共知识和时间戳公共知识在生活中的应用。可能公共知识更多地体现在整个社会文化背景知识的传播和应用中，比如我们完成复兴中国的伟大任务将需要几代人的共同努力才能最终实现。

一　时间间隔公共知识

在分布式系统中，采用同步交互传输方式，从信息发送伊始，到所有主体接收到信息总是在 t_s 和 $t_s+\varepsilon$ 时间单位之间。首先，主体 p_i 知道每个人传送信息 m 和接收到信息 m 都需要在 ε 个时间间隔之内；其次，主体 p_i 也知道其他主体知道每个人接收到信息 m 和传送信息 m 都在 ε 个时间间隔之内。

一个主体 p_i 接收一个传输信息 m，p_i 的认知状态发生了变化。主体的认知状态发生变化体现在：在 ε 个时间间隔内每个主体逐渐知道命题 φ，表示为 $E^\varepsilon\varphi$。

假设一个时间间隔 $T=[t', t'+\varepsilon]$，$t'\in T$，$p_i\in G$，$t_i\in T$，如果（Γ， r，t_i）$\vDash K_i\varphi$ 成立，那么（Γ，r，t）$\vDash E_C^\varepsilon\varphi$ 成立。

假设 ψ 表示"一些主体接收到信息 m"，那么在同步交互传输系统中，$\psi\supset E^\varepsilon\psi$ 是有效的。

我们可以看出在一个固定的时间间隔得到的这种知识是非常类似于公共知识的。二者的区别在于公共知识是每个人同时知道 φ，而这种相对公共知识则是在一个时间间隔 ε 内每个主体逐渐知道 φ。这种类似的公共知识被称为"时间间隔公共知识"，即 ε-公共知识，[①] 形式化为 C^ε。

$C_C^\varepsilon\varphi$ 最大固定点公式如下：

$$X\equiv E_C^\varepsilon(\varphi\wedge X) \tag{6.10}$$

假设 ω 表示"信息 m 已经被发送"，ψ 表示"一些主体接收到信息 m"，那么 $\psi\supset C^\varepsilon\psi$ 成立。如果 $\psi\supset\omega$ 成立，那么 $\psi\supset C^\varepsilon\omega$ 成立。因此当一些主体接收到信息 m，"信息 m 已经被发送"才能成为 ε-公共知识。

所以，C^ε 满足公共知识逻辑系统中固定点公理⑧和推导规则③，只不过是用 E^ε 代替了 E，用 C^ε 代替了 C。用固定点公理⑧定义 $C^\varepsilon\psi$ 可以避免层级的无限性，但 $C^\varepsilon\psi$ 同样暗含了层级的无限性 $(E_C^\varepsilon)^k\psi$，$k\geqslant1$，但是又不完全等同于 $C\psi$。绝对意义上的公共知识适用于群体的协同行为（也就是同时行动），ε-公共知识适用于在一个时间间隔 ε 内保证被执行的行为。在现实中我们经常会被要求在一个小的时间窗口内完成一些任务。[②] 比如，所有的理性主体被要求互相保证在一个时间间隔 ε 内确定一个共同的协议，一旦第一个主体决定了，后面的主体也会跟着做出相应决定，决定了的协议就是 ε-公共知识。[③]

将公共知识和 ε-公共知识进行对比，$C\varphi\supset C^\varepsilon\varphi$ 是有效的。同步交互传输方式应用于绝对意义上的公共知识不能被获得的系统中，可以获得弱于公共知识的 ε-公共知识。$C\varphi$ 可以被看作知识的静止状态，无论过去还是

---

① J. Y. Halpern and Y. O. Moses，"Knowledge and Common Knowledge in a Distributed Environment," *Journal of the ACM*，1990，37（3）.

② D. Dolev，R. Reischuk and H. R. Strong，"Early Stopping in Byzantine Agreement," *Journal of the ACM*，1990，34（7）.

③ Y. O. Moses and M. R. Tuttle，"Programming Simultaneous Actions Using Common Knowledge," *Algorithmica*，1988，（3）.

未来，它在时间某个点都为真。$C^\varepsilon\varphi$ 本质上是动态的，它是否成立依赖于主体围绕当前时间在时间间隔 ε 内所能知道的知识。

二　可能公共知识

考虑了同步交互传输方式中主体的认知状态的改变，现在考虑异步交互传输方式中主体的认知状态的改变。异步交互传输方式的系统中不存在信息传递时间的约束。一个异步交互传输方式能保证每一个信息最终都会传达给每个主体，不是即时传递，也没有时间间隔。在接收到信息 m 前，主体知道信息 m 已经被发送，知道其他主体或者已经接收到 m 或者最终会接收到 m，在这种情形下得到的"公共知识"就是：如果 m 已经被发送，那么每一人都将最终知道信息 m。这种公共知识的变体被称为"可能公共知识"。

在群体 G 中每一个主体可能已经知道 φ，表示为 $E_G^\diamond\varphi$。

假设 $p_i\in G$，$t_i\geqslant 0$，如果 $(\Gamma,r,t_i)\models K_i\varphi$ 成立，那么 $(\Gamma,r,t)\models E_G^\diamond\varphi$ 成立。

可能公共知识，形式化为 $C^\diamond$，简写为"$\diamond$-公共知识"。

$C_G^\diamond\varphi$ 的最大固定点公式如下：

$$X\equiv E_G^\diamond(\varphi\wedge X) \tag{6.11}$$

$C_G^\diamond\varphi$ 的固定点定义同样暗含层级的无限性 $(E_G^\diamond)^k\varphi$，$k\geqslant 1$。

就两个理性主体而言，对应的事件被保证最终为两个主体所知就能成为 $\diamond$-公共知识。比如，签订协议的双方，无论何时，只要一方给定一个真值，双方最终会被保证取得同一真值，理性主体在这种情形下获取真值的知识状态就是 $\diamond$-公共知识。在异步交互传输方式中，当主体接收到接受信息 m 时，ω 就成为主体的 $\diamond$-公共知识。

将 $\diamond$-公共知识和公共知识进行比较解释，$C_G^\diamond$ 是相对公共知识较弱的层级概念。获取知识时间越长，获得的相对公共知识层级概念越弱，最后成为可能公共知识。

对于任一事件 φ 和 $\varepsilon_1\leqslant\cdots\leqslant\varepsilon_k\leqslant\varepsilon_{k+1}\leqslant\cdots$，那么：

$$C_G\varphi\supset C_G^{\varepsilon_1}\varphi\supset\cdots\supset C_G^{\varepsilon_K}\varphi\supset C_G^{\varepsilon_{K+1}}\varphi\supset\cdots\supset C_G^\diamond\varphi \tag{6.12}$$

C^ε 和 $C^\diamond$ 在沟通不能被保证下的系统中会受到影响，但不会和绝对意义上的公共知识一样不可获得。因为，即使沟通不是充分有效的，仍然存在 $C^\varepsilon\varphi$ 和 $C^\diamond\varphi$ 可能被获得的情形。

例如，一个由 p_1 和 p_2 组成的双主体系统，沟通不能被保证，但 p_1 和 p_2 的时钟是完全同步的，p_1 和 p_2 都会在 0 点发送信息"ok"。对于自然数 k（k>0），如果主体已经在时间 k 接收到"ok"的信息，那么在时间 k 将发送一个"ok"信息；如果该主体没有接收到任何信息也就不会发送任何信息。假设 ψ 等于"一些信息在时间 k-1 前不会被发送，在时间 k 被发送（k≥1）"，如果 $\varepsilon=1$，那么 $\psi\supset E^\varepsilon\psi$ 是有效的。假设在时间 k-1，ψ 成立，p_1 没有发送信息给 p_2，p_2 在时间 k 知道了 ψ，在时间 k 没有发送信息给 p_1，在时间 k+1，p_1 将知道 ψ。这个推导规则暗含了 $\psi\supset C^\varepsilon\psi$ 是有效的。如果 r 是双主体认知的一个回合，且在回合 r 没有信息被接收到，那么 ψ 在（r，1）成立，因此 $C^\varepsilon\psi$ 成立。但是如果 r′ 是双主体认知的一个回合，所有信息在一个时间单位内都会被发送（有效的沟通），那么 $C^\varepsilon\psi$ 在（r′，1）并不成立。这个例子同样适用于 $C^\diamond\psi$。沟通不能被保证的系统反而会阻碍 $C_G^\varepsilon\varphi$ 和 $C_G^\diamond\varphi$ 成立。

三　时间戳公共知识

在分布式系统中，"实时"并不总是考虑时间适合的概念。因为在分布式系统中，主体通常无法实时访问公共资源，他们的时钟也并不显示与任何给定实时时间相同的读数。而且，主体采取行动实际上很少依赖实时。时间往往作用于排列不同地点的事件的先后顺序，和保持系统状态的"一致性"。这也是关于相对时间概念的知识状态。

例如：p_1 知道 p_1 和 p_2 的时钟最多相差 δ 个时间单位，p_1 将在 ε 个时间单位内发送给 p_2 信息。假如"p_1 传送给 p_2 的信息 m′"表示为 ω，那么"信息 m 将在 p_1 时钟上的时间 t_s 被发送，p_2 将在二者时钟上的时间都为 $t_s+\varepsilon+\delta$ 时接收到信息 m"。

用 T_0 表示 $t_s+\varepsilon+\delta$。现在，在 p_1 时钟上的时间为 T_0，p_1 肯定 ω 是 p_1 和 p_2 的公共知识。但是 ω 在时间 T_0 前还不是公共知识。

T_0 相当于一个时间戳。ω 就被叫作"时间戳知识"，是一种知识的相对时间形式。用 $K_{p_i}^{T_0}\varphi$ 表示"在主体 p_i 时钟的时间 T_0，p_i 知道 φ"。时间 T_0 被认为是关联知识的时间戳。时间戳知识形式化为：

$$E_G^T\varphi \equiv \bigwedge_{p_i \in G} K_i^T\varphi \tag{6.13}$$

$E_G^T\varphi$ 表示每个主体在自己时钟上的时间 T 知道 φ。T_0 表示 $t_s+\varepsilon+\delta$，那么 $\omega \supset E^{T_0}\omega$。这样的时间戳知识本质上是公共知识的相对变体，用 C^T 表示 $C^T\omega$，C^T 被称为"时间戳公共知识"。①

$C_G^T\varphi$ 最大固定点公式如下：

$$X \equiv E_G^T(\varphi \wedge X) \tag{6.14}$$

在主体认知的任意回合中发送信息 m'，p_1 和 p_2 拥有标记着时间戳 T_0 的公共知识 $C^{T_0}\omega$。主体在时间戳的相对行为对 C^T 的意义起着至关重要的作用。从某种意义上说，相比 C^ε 和 $C^\diamond$，C^T 更接近于 C。

定理 对于任意事件 φ 都有如下定理。

①如果确保所有时钟显示同一时间，那么在任意主体时钟的时间 T 都有 $C_G^T\varphi \equiv C_G\varphi$。

②如果确保所有的时钟都存在 ε 时间间隔，那么在任意主体的时钟的时间 T 都有 $C_G^T\varphi \supset C_G^\varepsilon\varphi$。

③如果确保每一个本地时钟在某一时间读数都显示为 T，那么 $C_G^T\varphi \supset C_G^\diamond\varphi$。

上述定理给出了 C、C^ε、$C^\diamond$ 代替 C^T 的条件。如果主体们能把其时钟设定为一个共同约定的时间 T，那么主体们将会逐渐知道 $C_G^\varepsilon\varphi$ 和 $C_G^\diamond\varphi$，直至 $C_G\varphi$，那么无论什么时候获得 $C_G\varphi$、$C_G^\varepsilon\varphi$ 和 $C_G^\diamond\varphi$，都可以称为 $C_G^T\varphi$。

在现实系统中，时间戳公共知识是比绝对意义上的公共知识更适合推理的概念。虽然公共知识在现实系统中不能被获得，但是时间戳公共知识在许多情况下是能被获得的，很接近协议群体面临的相关问题。比如在分

---

① G. Neiger and S. Toueg, "Simulating Real-time Clocks and Common Knowledge in Distributed Systems," *Journal of the ACM*, 1993, 40 (2).

布协议作用的分阶段工作中，我们可以说阶段 1 是系统的开始状态，阶段 k 是系统的结束状态。[①] 阶段数可以看作时间戳，不同的阶段数标记了不同的时间戳公共知识。[②]

在前面的章节中我们提到了多主体知识层级结构也同样适用于加入时间算子形成的公共知识变体（见表6-1）。这些变体也有知识的强弱之分。时间间隔公共知识强于可能公共知识，弱于时间戳公共知识，即 $C_G^\diamond \varphi \subset C_G^\varepsilon \varphi \subset C_G^T \varphi \subset C_G \varphi$。

表6-1　公共知识变体层级结构表征

层级	知识的形式化表征	意义解释
第1层	$C_G^\diamond \varphi$	φ 是群体 G 的可能公共知识
第2层	$C_G^\varepsilon \varphi$	φ 是群体 G 的时间间隔公共知识
第3层	$C_G^T \varphi$	φ 是群体 G 的时间戳公共知识
第4层	$C_G \varphi$	φ 是群体 G 的公共知识

$C_G \varphi$、$C_G^\varepsilon \varphi$、$C_G^\diamond \varphi$ 满足固定点公理和推导规则。C 具有系统 S5 的全部特征，C^ε 和 $C^\diamond$ 只满足正内省公理和必然性规则。C^ε 和 $C^\diamond$ 既不满足知识公理也不满足负内省公理。C^ε 和 $C^\diamond$ 是公共知识层级结构的较弱变体，即 $C_G^\varepsilon \varphi$ 表示从目前时间到在最大 ε 个时间间隔内 φ 成立，$C_G^\diamond \varphi$ 表示在整个回合的某些点最终 φ 成立。C^T 与公共知识层级的无限性相重合。

第三节　公开宣告与相对公共知识

先来看一个关于双主体 Q 与 A 之间问与答的简单例子。

Q：我国会战胜新冠疫情吗?

A：会的。

在这个很常见的问与答中，A 的回答"会的"相当于是对 Q 和自己做

[①] Y. O. Moses and M. R. Tuttle, "Programming Simultaneous Actions Using Common Knowledge," *Algorithmica*, 1988, (3).

[②] Y. O. Moses, D. Dolev and J. Y. Halpern, "Cheating Husbands and Other Stories: A Case Study of Knowledge, Action, and Communication," *Distributed Computing*, 1986, 1 (3).

了一个公开宣告。用 p 表示这个公开宣告，那么，命题 p 的公开宣告改变了当前主体 Q 与 A 的认知状态，这一变化过程如下。

对任意 M，可能世界 s，Q 与 A 初始的认知模型是（M，s）。因为 A 的公开宣告，使得 p 在 s 中为真，那么 Q 与 A 现在的认知模型是（M|p，s），其论域集合是 $\{t \in M, t \models p\}$。可见，从初始认知模型（M，s）到子模型（M|p，s），最大的不同就是排除了命题￢p。也就是说，主体 Q 原本并不知道命题 p 的真假，但是在 A 公开宣告行为发生后，Q 知道了命题 p 为真，对于主体 Q 来说命题 p 的真值因为这一具体行为发生了变化，或者说命题 p 真值也随着时间的推进而产生变化，命题 p 成为 Q 与 A 的公共知识。因此，公开宣告逻辑会系统地刻画主体认知状态的变化，对获得公共知识是非常有意义的。

定义 1 公开宣告逻辑语言是在认知语言中增添了行为模态词［！p］：

$$公式 P ::= p | ￢\varphi | \varphi \wedge \psi | K_a\varphi | C_a\varphi | [A]\varphi。$$

$$行为模态词 A ::= ! \ p \tag{6.15}$$

［！p］作为行为模态词可以是语言中的任意公式，其宣告的内容可以包括：表达世界本体的命题、主体自身的知识、对宣告本身的宣告。所以这里的［！p］可以是无穷多的一元模态。

定义 2 （真值解释）动态的行为模态词的真值解释如下。

M，s $\models$ ［！p］φ，当且仅当，如果 M，s $\models$ p，那么 M|p，s| $\models$ φ。

如果命题 p 为真，那么，公开宣告 p 就能推出命题 φ。用 <p>φ :: = ￢［！p］￢φ 表示［！p］φ 的对偶模态词，意思是并非公开宣告 p 后 φ 为假，也就是说公开宣告 p 后 φ 为真。

定义 3 （公理及推导规则）在公开宣告的条件下，有如下完备的信息变化逻辑演算。

公理：

①所有命题逻辑重言式的特例。

②$K_a(\varphi \rightarrow \psi) \rightarrow (K_a\varphi \rightarrow K_a\psi)$（蕴含公理）。

③$K_a\varphi \rightarrow \varphi$（真值公理）。

④$K_a\varphi \rightarrow K_aK_a\varphi$（正内省公理）。

⑤¬$K_a\varphi \rightarrow K_a$¬$K_a\varphi$（负内省公理）。

⑥［！p］q↔（p→q）（对任意原子命题 q）。

⑦［！p］¬φ↔（p→¬［！p］φ）。

⑧［！p］（$\varphi \wedge \psi$）↔（［！p］$\varphi \wedge$［！p］ψ）。

⑨［！p］$K_a\varphi$↔（p→K_a［！p］φ）。

⑩［p$\wedge$［！p］ψ］φ↔（［！p］［！ψ］φ）。

推导规则：

①（$\varphi \rightarrow \psi$）$\wedge \varphi \rightarrow \psi$［分离规则（MP）］。

②$\varphi \rightarrow K_a\varphi$［必然化规则（Nec）］。

③$\psi \rightarrow$［！p］ψ［必然化规则（Nec）］。

以上是公开宣告逻辑的公理及推导规则。

我们现在来比较更新前后的两个认知模型：（M，s）和（M｜p，s｜）。

公式［！p］$K_a\varphi$ 的意思是在 M｜p 中，所有与 s 有可及关系 ~a 的可能世界都满足 φ，在 M 中相应的可能世界是与 s 有可及关系 ~a 且满足 p 的那些可能世界。而且，考虑到在更新过程中公式的真值是可以改变的，所以正确描述 M 中的那些可能世界不再是满足 φ，而是满足［！p］φ，也就是说公开宣告之后 φ 成立。当 p 在公开宣告为真后，［！p］成为整个认知更新的一个不可或缺的部分。因此，我们也可以做出断定，［！p］正在被主体执行，前提是 p 必须是真的。将所有的这些加在一起得出［！p］$K_a\varphi$ 表达的意思与 p→K_a（p→［！p］φ）等同的结论。其中公开宣告算子［！p］是在做认知更新时做出影响，我们能够将最终的公式简化成它的等值式 p→K_a［！p］φ。

这种类型的证明可以看作对规约公理进行的某种启发式分析。首先这种分析是组合的，它逐步打开动态模态词［！p］后面的附加条件，这些附加条件也是递归定义的，由简单命题到复合命题。其次，动态的规约公理将我们的动态认知语言中的每一个公式逐步划归为只包含静态的纯认知语言的等价公式。就模型而言，这样的分析意味着当前的静态模型已经包含了主体间交流后他们的知识发生变化的所有信息，即当下的认知状态已经包含了关于未来的认知信息。所以静态的基本语言必须足够丰富，才能够进行提前解析动态行动所产生的影响。

前面说过，新信息不会改变原子事实，但会改变主体的无知或有知状态。在判断 $K_a\varphi$ 和 $C_a\varphi$ 的真值时，真值的变化可能是很微妙的，一些真命题甚至在公开宣告后有可能变成假命题，这是一种较为反常的特性，比如 $\neg K_a p \wedge p$，解释为"a 不知道 p，并且命题 p 是真的"。

在公开宣告 p 为真后，命题 p 成为众所周知的知识，这样，第一个合取肢就成了假命题，整个命题也就成为假命题。

然而，其他判断会具有以下性质：在宣告后可以获得公共知识。下面的这些公式对这条性质是成立的：

$$(\neg)p,(\neg)q,\cdots|\varphi\wedge\psi|\varphi\vee\psi|K_a\varphi|C_a\varphi \qquad (6.16)$$

如果 PAL 中只公开宣告非认知事实的命题，不涉及认知算子，在这种情况下，任何公开宣告 [！p]，都会产生 p 的公共知识，并且规约过程更简单。

事实上，[！p] $K_a\varphi$ 等值于下面的公式：

$$[！p]K_a\varphi\leftrightarrow(p\rightarrow K_a[！p]\varphi) \qquad (6.17)$$

在公式 6.17 的右边，前件刚好陈述了公开宣告 p 这一行为可以执行的前提条件，即 p 必须为真。公式的其余部分说明下面两个观点是等价的。

①主体知道增加信息 p 后 φ 成立。

②主体知道 p 蕴含 [！p] φ，这里的 [！p] φ 再次描述了行为更新后 φ 为真。

只要 φ 是非认知事实的命题，那么我们完全可以忽略 φ 和 [！p] φ 之间的区别。在这种情况下，关于知识的公理将被规约成更简单的版本。

在现实生活中或程序使用的情境中，有一些复杂的交流需要重叠使用模态算子来进行形式化，这就需要动态逻辑中所谓的"迭代"。PAL 的语言通过重叠模态算子来描述这种断定，例如 [！A] [！B] φ。逻辑地讲两次连续判断的效果也可以只通过一次断定来完成，即 [！A] [！B] $\varphi\leftrightarrow$ [！(A$\wedge$ [！A] B)] φ。

群体知识在多主体互动的过程中发挥了很大的作用，公开宣告的直接结果就是产生公共知识。所以，一旦考虑群体知识，认知语言的表达力将进一步增强，但与此同时完全性证明的难度也就提高了。

定理　公开宣告和相对化公共知识。

$$[\varphi]C_B(\psi,\sigma)语义等值于C_B(\varphi\wedge[\varphi]\psi,[\psi]\sigma) \tag{6.18}$$

证明：对任一模型 $(M,w)\models C_B(\varphi\wedge[\varphi]\psi,[\psi]\sigma)$，

对于所有的 v，如果 $w(R_{E^B}\cap\|\varphi\wedge[\varphi]\psi\|^2)^*v$，那么 $(M,v)\models[\psi]\sigma$；

对于所有的 v，如果 $w(R_{E^B}\cap\|\varphi\wedge[\varphi]\psi\|^2)^*v$，那么，若 $(M,v)\models\varphi$，则 $(M|\varphi,w)\models\sigma$；

对于所有的 v，如果 $w(R_{E^B}\cap\|\varphi\wedge[\varphi]\psi\|^2)^*v$，若 $(M,v)\models\varphi$ 且 $(M,v)\models\psi$，则 $(M|\varphi,w)\models\sigma$；

如果 $(M,v)\models\varphi$，那么，对所有的 $v\in M$，若 $(M,v)\models\varphi$ 且 $(M,v)\in(R_{E^B}\cap\|\psi\|^2)^*v$，则 $(M|\varphi,w)\models\sigma$；

如果 $(M,v)\models\varphi$，那么，对所有的 $v\in M|\varphi$，若 $(M,v)\in(R_{E^B}\cap\|\psi\|^2)^*v$，则 $(M|\varphi,w)\models\sigma$；

如果 $(M,v)\models\varphi$，那么 $(M|\varphi,w)\models C_B(\psi,\sigma)$；

因此，$(M,v)\models[\varphi]C_B(\psi,\sigma)$。

这样规约就可以用公开宣告前的相对化公共知识来表达出公开宣告之后的相对化公共知识。

定义 4　（路径）一个从可能世界 w 出发的 B 路径是一个可能世界的序列组合 $w_0,w_1,\cdots,w_n$，使得对于 $0\leqslant K\leqslant n$，存在 $a\in B$，$(w_K,w_{K+1})\in R_a$ 并且 $w=w_0$。一个 φ 路径是一个可能世界的序列组合 $w_0,w_1,\cdots,w_n$，使得对于 $0\leqslant K\leqslant n$，都有 φ 在 w_K 上为真。一个 B-φ 路径既是 B 路径又是 φ 路径。

如果在公开宣告逻辑中考虑公共知识，那么在完全性证明构造的典范模型中，需要证明作为可能世界的极大一致集具有性质 $[\varphi]C_B\psi\in\Delta$，当且仅当每个 B-$\varphi$ 路径是 $[\varphi]\psi$ 路径。规约这一方法不能用的主要原因在于这个性质中 B-φ 路径在 S5C 语言中不能用不含公开宣告的算子公式表达出来。相对化公共知识的提出就能够解决这个问题。有了相对化公共知识，就可以用不含公开宣告的算子公式将其表达出来。

相对化公共知识的语义解释如下。

M，w $\models C_B (\varphi, \psi)$，当且仅当，对所有的 v，如果 w $(R_{E^B} \cap |\varphi|^2)^* v$，那么 M，w $\models \psi$，其中 $|\varphi| = \{v \in W | M, v \models \varphi\}$，其中 w $(R_{E^B} \cap |\varphi|^2)^*$ v 是 $(R_{E^B} \cap |\varphi|^2)$ 的传递封闭包，实际上说的是每个从 w 出发的 B-φ 路径都是 ψ 路径。

所以，相对化公共知识比公共知识具有更强的表达力。如 $C_B \psi$ 用相对化公共知识表达就是 $C_B (T, \psi)$。值得注意的是，这和公开宣告不同，公开宣告一个命题 φ 对认知模型的影响就是把这个模型相对化到 φ 成立的模型中去，这和公共知识相对化有区别。例如，原来的公式 [p] $C_B <K_a> \neg$ p 和 $C_B (p, <K_a> \neg p)$ 是不等值的。因为很明显 [p] $C_B <K_a> \neg$ p 是恒假式，而 $C_B (p, <K_a> \neg p)$ 是可满足的。而 $C_B (p, <K_a> \neg p)$ 在带有公共知识的公开宣告逻辑中是不能表达的。

公开宣告的直接结果就是产生相对公共知识，这些相对公共知识会成为群体成员进一步知识推理的基础。而且群体隐含知识作为一个群体潜在拥有的知识，在公开宣告后，隐含知识可以变为相对公共知识。这些都是公开宣告这一行为给群体带来的认知状态的改变。

第四节　常识与相对公共知识

有史以来，人们就在努力地认知这个世界，从最初的感性认知上升到理性认知，积累的知识也越来越丰富。每个个体的知识都是后天经过学习、经验所获得的。为了灵活地运用这些知识，需要通过各种途径学习检索、应用这些知识的方法和规律，甚至产生创新性知识，其中最主要的一种方式就是进行逻辑推理。所以知识推理就是"知识+推理"。

逻辑是研究逻辑推理的科学。在研究思维形式的结构、总结正确思维规律和方法时，亚里士多德认为形式逻辑是一切推理活动的最基本出发点。他给出的矛盾律、排中律、同一律和充足理由律等在中世纪传统逻辑中被认为是金科玉律，完美无缺。现代逻辑的创始人莱布尼茨将形式逻辑符号化，建立了一种通用的符号语言，并在此基础上对人的思维进行推理运算。形式逻辑还被运用于人工智能领域。但是完美的逻辑推理系统是不存在的，因为现实世界的复杂性和问题的多样性是不能完全被人类把握的，比如常识。

所谓常识，是指人们在日常工作、生活中应该接收的知识或经验，它们往往是众所周知的经验或事实，也有可能是主体自己的信念。所谓信念就是主体相信的东西，不一定为真，相对于主体来说它也是一种常识。很多只可意会不可言传的事实也是常识。与科学知识不同，常识具有随机性、不确定性（一部分常识是可靠的，但是另一部分常识却是缺少理论依据或经验验证的，只能为主体在实践中获取）、不精确性（一些常识中往往含有"大多数""比较多""偏好"等不精确的概念）、不完备性（常识往往对所处情境有较强的依赖性）。

从常识的特点可以看出，它和相对公共知识的特征有很多相似之处，二者都具有不精确性，含有"大多数"等许多不精确概念；具有不完备性，必须依赖于相应的情境等。所以说常识是特定语境下的相对公共知识是有一定依据的。我们先来看常识推理的非单调性。

推理的单调性（monotonicity）是指，增加任何新的前提都不会废除已经得出的结论，对于任意公式集 Γ 和公式 β，若 $\Gamma \vdash \beta$，当任意增加新的前提 α 时，结论 β 仍然成立，即若 $\Gamma \vdash \beta$，则 $\Gamma, \alpha \vdash \beta$，比如演绎推理和完全归纳推理。推理的非单调性是指：增加新的前提会废除已经得出的结论，存在公式集 Γ 和公式 β，若 $\Gamma \vdash \beta$，当任意增加某新的前提 α 时，结论 β 就不再成立，即若 $\Gamma \vdash \beta$，则 $\Gamma, \alpha \vdash \neg \beta$，比如类比推理和常识推理。

经典逻辑通常指一阶逻辑，只研究单调推理。在某种意义上说，单调推理只能提供静态的知识表示。主体进行知识推理除包括传统意义上的演绎推理、归纳推理和类比推理外，还包括大量在日常生活中基于常识进行的推理。常识推理一般具有非单调性，因为常识推理同不完全归纳推理和类比推理一样是基于"合理性"进行的。常识推理的前提包含的信息对推出的结论而言是不完备的，因而具有可废除性，属于非单调推理①。

例如，"人有喜怒哀乐"是大家都知道的常识。根据这个常识，我们

---

① 在 20 世纪 70 年代，逻辑学提出了非单调逻辑（nonmontonic logic）。

从"玛丽是一个人"推出"玛丽有喜怒哀乐"是合理的。

例子中"人有喜怒哀乐"是指在缺省条件下"人有喜怒哀乐"。缺省就是默认，缺省条件就是默认条件。缺省条件是指一般情况、通常情况、正常情况或典型情况下的结论。在缺省条件下"人有喜怒哀乐"，意指在默认条件下"人有喜怒哀乐"，除非出现"是人但没有喜怒哀乐"的特殊情况，如植物人、机器人等。而且默认条件是随着知识的积累而不断完善的。例如，当发现植物人是人但没有喜怒哀乐时，"人有喜怒哀乐"的默认条件是"除了植物人以外的人"。当发现机器人也没有喜怒哀乐时，"人有喜怒哀乐"的默认条件是"除了植物人和机器人以外的人"。由于默认条件是借助于元语言+缺省推导规则表示的，这样的推理被称为"缺省推理"。

从认识论上看，常识推理也是主体获得新知识的一个重要手段。常识推理通常是在前提包含信息不完备的情况下，根据实际需要得出结论，然后根据实际得出的结论来行动。这样的推理不是通常意义上的演绎推理，也不是归纳推理或类比推理。

在常识推理中，由于知识的不完备性，主体常常将已发现的、具有某些性质的对象，看作具有该性质的全部对象。这可以说是主体的一种偏好（prefering），可以被看作另一种意义上的群体的相对公共知识，被运用到推理中，直到具有该性质的其他对象被发现并成为众所周知的相对公共知识，主体再改变原来的看法。

现实生活中主体无时不在进行常识推理。常识推理基本上都是非单调推理。为此，逻辑学家和人工智能专家从不同的角度建立了各种不同的非单调推理理论。发展较为完善的非单调推理主要有缺省推理、非单调模态推理（自认知推理）和限定推理。

我们如果把常识看作相对公共知识，那么应用此知识进行推理可以采用缺省方法。缺省条件或默认条件是指一般情况、通常情况、正常情况或典型情况下众所周知的结论。在特定情境中，如本学期每周四下午上数理逻辑课，就是一种默认，意指只要没有特殊情况，星期四下午就要上数理逻辑课。常识在日常生活中无处不在、无处不有，离了它人们几乎寸步难行，人们使用给定环境或语境下"默认"信息来弥补知识的不完全。默认条件是可以随着知识的积累而动态修改的。没有默认条件进行常识推理几乎是不可能的。而且，我们也可以看出常识的特定情境，比如"默认"等，基本上都是涉及主体间做的一些约定，只要没有别的信息增加，大家都会共同遵守。

缺省推理就是在一阶逻辑 Q 中增加缺省规则集 D 以后得到的一个推理系统，即缺省逻辑＝经典逻辑＋缺省规则。缺省推理记为 Q+D。

D 中的每条缺省规则的获取与主体本身具有的知识、常识或信念密切相关。缺省逻辑中的推演与一阶逻辑 Q 中推演的定义①是类似的，但也有其特殊性，即依赖于语境。例如，对于"人有喜怒哀乐"，会因为"植物人是人但没有喜怒哀乐"而被认为不正确。对于"除植物人以外的人都有喜怒哀乐"这个判断，会因为"机器人是人但没有喜怒哀乐"而错误。对于"除植物人和机器人以外的人都有喜怒哀乐"这个常识，会因为找到另外一个没有喜怒哀乐的人而被否定，以此类推。

只要脱离语境，"人有喜怒哀乐"这个常识就会被推翻。给定了语境，情况就不同了。对于幼儿园小朋友来说，"人有喜怒哀乐"可能是千真万确的，即使是一个只有几岁的幼儿园小朋友，也有喜怒哀乐。甚至对于大多数主体来说，"人有喜怒哀乐"被认为是完全正确的，如果给他说"植物人是人但没有喜怒哀乐"，他会感到很奇怪，甚至可能会怀疑"植物人是人"这个结论。当然，好奇心较强的话，他会追问"还有哪些人没有喜怒哀乐"。而对于研究人的生物学家来说"除植物人和机器人以外的人都有喜怒哀乐"结论是正确的。所以，不同的语境对于不同的主体来说，"人有喜怒哀乐"常识成立的缺省条件会改变。

有人可能会想到，"大多数人有喜怒哀乐"这个结论总不会有问题吧。实际上会存在和公共知识的弱化一样的问题。一方面，"大多数"这个命题的概念比较模糊，要解释清楚需要其他方法，是一个值得进一步研究的课题。另一方面，每个命题都这样模糊化处理会造成很多不便。例如对于人来说，"人会走路"必须说成"大多数人会走路"，到底是多少人、什么样的人不会走路需要主体去界定，这是很麻烦的事情。

在语境 E 下，对于给定的公式集 W 和公式 γ，在 Q+D 中 W 可推演出 γ

---

① 一阶逻辑 Q 中的可证关系用 $\vdash$ 表示。对于任意的公式集合 W 与公式 γ，$W \vdash \gamma$ 表示 γ 是由前提 W 一阶可证的。W 的一阶可证公式集用 Th（W）表示，即 Th（W）＝ $\{\gamma \mid W \vdash \gamma\}$。

是指存在有限公式序列 γ_1，γ_2，…，$\gamma_n = \gamma$，$1 \le i \le n$，下列条件之一必成立。

①$\gamma_i \in W$。

②γ_i 是公理模式的代入实例。

③γ_j 是由前面的公式根据分离规则或概括规则①推演得到的。

④存在 $j < i$ 及 $\delta \in D$，使得 γ_j 可由前面的公式 γ_i 使用缺省规则 δ 推演得到。

这样，在 Q+D 中的语境 E 就是一阶公式集。对于 E 的选取方式是无限的，但要求 E 中所有的公式都是一致的、协调的，这样的 E 不能取得过大，但也不能太小，只需在有限步内根据①—④推出公式 γ。

语境 E 是一个难以理解的概念，而它在一般的非单调逻辑推理中都会被用到，所以，常识是在一定条件下、一定范围内才成立的，相对公共知识亦是如此。举例说明如下。

①$E_1 =$ Th ｛People｝。

②$E_2 =$ Th ｛People，emotional｝。

③$E_3 =$ Th ｛People，￢emotional｝。

$E_1 =$ Th （｛People｝） 不能作为语境，因为它在缺省逻辑系统 Q+D 中不能得出 emotional。

$E_2 =$ Th （｛People，emotional｝） 可以作为语境。

Th （｛People，emotional｝） 是 ｛People，emotional｝ 在一阶逻辑中的可证公式集，它完全不同于 ｛People，emotional｝。当然 ｛People，emotional｝ 不能作为语境，因为它没有包含一阶逻辑中的任何定理，也不是一阶逻辑演绎封闭的。E_3 同 E_2，也可以作为语境，但是二者明显存在矛盾，E_2 要想成立，必须把符合 E_3 的条件剔除。

对于给定的 W，在缺省逻辑系统 Q+WD 中，由 W 所推演出来的所有公式构成的集合称为主体的信念集，即在一定的语境下，W 在缺省逻辑系统 Q+D 中所推演出来主体的所有信念集，其中的每个公式都是主体在已知 W 下缺省逻辑系统 Q+D 中的一个信念。

缺省逻辑推理就是要推出缺省理论 △ = （D，W） 的所有扩张。先假

---

① 分离规则 MP：由 p→q，p 可以得出 q。概括规则 UG：由 P 推演出 $\forall_x p$。

定一个公式集 E 作为信念集，再从初始知识库 W 出发，根据缺省推导规则集 D 中的规则进行检验，满足 Th（E）= E 条件的 E 就是所需的扩张。主体从初始知识库 W 出发得出初始语境 Th（W）进行缺省推理时应该是采用逐步扩大语境的方法，这也是一个主体进行学习的过程。而且采用逐步扩大语境的方法进行缺省推理与缺省规则的先后顺序有很大关系。

常识可以作为相对公共知识指导主体的实践活动。从常识的定义来看，常识是人们在日常工作、生活中众所周知的经验或事实。常识为主体自身和其他主体所知，并且主体知道其他主体知道这个常识，主体知道其他主体知道主体自己知道这个常识，以此类推，这本身就是相对公共知识层级无限性的特征。另外，从常识的特点来看，常识具有随机性、不确定性、不精确性和不完备性，其中的不精确性含有"大多数""偏好"等概念，不完备性强调常识依赖于所处情境，这些也都是弱化公共知识的重要途径。而且常识还具有随机性和不确定性，常识推理是增加主体知识的重要依据。另外，常识推理采用缺省的方法，也同样适用于现实中相对公共知识的应用。

除了公共信念、公共知识变体、公开宣告、常识等方面，关于相对公共知识的应用还有很多方面。比如经典认知逻辑是处理知识表达和知识推理的有力工具，它对主体推理能力的要求是在理想意义上，主体知道所有推理的有效式并且知道其知识的逻辑后承，即主体是逻辑理性的。但是在现实中无论是人类本身，还是人工智能机器人都不能一直保持逻辑理性。人作为资源有限的主体，没有足够的时间和记忆能力推出自己所有逻辑后承的结果。即使人们并不缺乏计算知识后承的能力，但是他们仍可能做出错误的推理或者拒绝相信自己的知识后承。这也是绝对意义上的公共知识无法获得的重要原因。如何解决主体的逻辑理性问题是相对公共知识应用中涉及的问题。还有公共知识在现实的分布系统中并不能获得，需要做一些弱的更新，必须考虑概率算子，需要建立与包含相对化公共知识的公理化系统 $S5_m^B$（RC，D，E）类似的增加公共知识后的动态认知概率逻辑系统。

发展公共知识问题的认知逻辑研究，是为了更好地解决多主体协同行为的难题，是为了更好地完善公共知识逻辑系统，是为了更好地服务于认知科学的相关学科领域。

结　语

　　逻辑学是研究推理规律的学科。推理研究涉及规范推理与描述推理问题、推理的形式与内容问题、理性与非理性问题。

　　逻辑对某一推理主题的研究一般说明两个问题：一个是说明该推理问题的规范标准解答什么，另一个是说明该推理机制是什么。对推理问题的规范标准说明，或者源于对推理问题的逻辑标准，或者源于对推理问题的认知分析说明而建立的计算模型。对推理问题的规范标准说明是为推理问题提供客观的参照标准，从而确定推理过程要解决的主要问题和评价推理的操作运算是否正确系统。对推理机制的说明也是为推理问题认知分析提供参考。

　　推理问题包含一般形式与具体内容两个方面。例如，充分条件假言命题的一般形式是如果……那么……，其中前件和后件的内容是千变万化的。这种内容会影响人们对前件后件语义关系的理解从而影响条件推理。这决定了人们的条件推理并非完全基于一般形式。一般形式与具体内容在推理中的相互影响是推理心理学研究要说明的问题。有些推理理论强调人们的推理基于一般的形式规则，如心理逻辑理论认为人们使用心理上的一般形式规则来解决推理问题。有些推理理论强调人们的推理基于对推理内容的解释，对同样形式的推理问题内容解释不同就会导致不同推理过程和结论。

　　推理作为一种主要的思维活动，是研究考察人们思维是否理性的一个主要领域。理性的评价标准有两种。一种是规范理性标准，以某种科学的规范（如逻辑标准）为理性评价的标准。另一种是实用理性或生态理性标准，以是否能简单有效地达到某种实用的目的为理性标准，在现实实践中，由于信息的不确定性和主体思考解决问题的认知资源限制，人们倾向于按照生态理性的标准来行事。生态理性标准比较符合人们在现实中的推理。人们在现实中的推理，可能受到认知资源和能力的限制，以及情绪和动机因素的影响，而表现出不符合生态理性标准或规范理性标准的非理性。

公共知识逻辑研究运用公共知识进行推理的规律，需要建立规范的逻辑公理系统模型，厘清公共知识公理和规则，更要分析公共知识形式和内容的关系，还需考虑主体理性的有限性、时间的非同时性、沟通渠道的非完美有效性等给公共知识获得带来的困境。

本书涉及的公共知识问题包含以下几个方面：一是公共知识概念问题，二是公共知识逻辑公理系统的建立问题，三是多主体知识、行为与公共知识问题；四是公共知识与协同行为问题，五是相对公共知识获得问题，六是相对公共知识的应用问题。这六个方面层层递进，重在分析公共知识在多主体认知中的地位、意义和作用。

公共知识概念体系的论述主要是在主体逻辑理性的基础上，从逻辑方法和事件方法的角度，从公共知识的层级解释、固定点解释、双主体解释、多主体解释、可能世界语义学、共享情境等不同方面对公共知识进行定义，并根据这些定义，说明公共知识的特征：层级的无限性特征、固定点特征、共享情境特征、互动互知特征、鲁棒性特征、公共知识矛盾性特征等。从形式上和内容上都充分阐述了公共知识是什么、如何表达的问题。

公共知识逻辑公理系统建立的方法论是在逻辑方法的基础上加入奥曼结构的形式，选择一组合适的静态逻辑语言和与其相匹配的模型来表达群体的信息状态，再将相关行为信息模型化表达主体认知的动态扩张，要求公共知识逻辑公理系统的语言要清楚地表达出相关行为事件以及这些行为对认知产生的影响。这种方法论也是沿袭现代逻辑方法论。所以本书介绍了认知逻辑系统，动态逻辑系统的语言、语义、真值解释、公理及规则，还介绍了动态认知逻辑中主体认知状态的变化解析。公共知识逻辑公理系统就是借鉴了上述内容。

公共知识是多主体知识，是高阶知识。那么多主体知识的种类有哪些，公共知识与其他多主体知识种类之间有什么相互关系。这是分析公共知识本质必须知道的内容。在多主体知识层级结构表征中，公共知识处于知识层级结构的顶端，是最强的知识状态，是群体协同行为达成的必要条件。分布知识、交互知识等多主体知识强度要弱于公共知识，并且在多主体知识的层级结构表征呈现出完美的层级爬升状态。多主体知识层级结构表征展现出主体知识状态的变化和主体行为之间相互作用的关系。根据知识先决条件原则，多主体认知系统不依赖于时间假定、系统的拓扑结构，也不依赖于所执行活动的性质，只要主体知道必要条件就可以执行相对应的行为。协同行为的执行的必要条件就是公共知识的获得。

公共知识本身层级的无限性，以及现实中主体理性的有限性、时间的非同时性、沟通渠道的非完美有效性，导致绝对意义上的公共知识难以获得，并造成了协同攻击难题和公共知识悖论。为了解决这一难题，公共知识需要向有限性妥协，对"公共"或"知识"进行弱化，获得相对公共知识，建立包含相对公共知识的认知逻辑系统。通过提高主体执行同步行为的能力，改变主体的认知状态来获得相对公共知识。

建立公共知识逻辑公理系统、认知多主体知识层级结构的表征，分析绝对意义上的公共知识难以获得的原因，提出弱化公共知识的途径，以及建构包含相对公共知识的认知逻辑系统，都是为了在实际中更好地发现和运用相对公共知识。在现实生活中，公共信念是比公共知识更适用于协同行为的必要条件。主体信念集的扩充、修正和收缩给相对公共知识的获得提供了便利。相对公共知识的获得就是新信念的产生，是一种认知更新活动。相对公共知识的获得首要的是遵循内部知识的一致性原则，尽可能保持信念最小改变，并且优先选择新语句蕴含的知识。

加入时间算子的公共知识变体也是在生活中很常见的相对公共知识，包括 ε-公共知识、$\diamond$-公共知识、C^T-公共知识。这些变体也有知识的强弱之分。时间间隔公共知识强于可能公共知识，弱于时间戳公共知识。公开宣告行为中也存在相对公共知识，公开宣告的直接结果也是产生公共知识。公开宣告行为一旦加入公共知识以后认知语言的表达力将进一步增强，这些公共知识会成为群体成员进一步知识推理的基础依据，而且群体隐含知识作为一个群体潜在拥有的知识，在公开宣告后，可以变为公共知识。公共知识不管是在公开宣告逻辑、缺省逻辑，还是在信念修正逻辑等逻辑系统中，都可能会存在用条件命题、关系命题、特征归纳命题构成的知识推理。这些经典推理命题都涉及公共知识具体内容。在常识推理中，由于知识的不完备性，人们常常将已发现的、具有某些性质的对象，看作具有该性质的全部对象，这种偏好完全可以看作群体的相对公共知识，应用到推理中，直到具有该性质的其他对象被发现并成为众所周知的相对公共知识，再改变原来的偏好。

总之，公共知识问题可以从两个大的方面来梳理。一方面是公共知识本身涉及的问题，包括公共知识的定义、逻辑公理系统、公共知识悖论、相对公共知识的获得及运用；另一方面是认知公共知识的问题，包括多主体、多主体知识、多主体行为等内容。通过使用逻辑的方法来分析公共知识的这些问题，我们可以了解公共知识与协同行为之间的关系，了解公共知识在多主体认知中的重要性，把公共知识更好地运用于现实生活中。

参考文献

一 著作

阿托卡·阿丽色达:《溯因推理:从逻辑探究发现及解释》,魏屹东、宋禄华译,科学出版社,2016。

陈嘉明主编《当代美国哲学概论:实在、心灵与信念》,人民出版社,2005。

杜国平:《经典逻辑与非经典逻辑基础》,高等教育出版社,2006。

郭佳宏等:《基于主体互动的信息变化逻辑研究》,科学出版社,2017。

郭建萍:《逻辑与哲学:真与意义融合与分离之争的探究》,科学出版社,2016。

何纯秀:《理解的认知基础与逻辑刻画》,社会科学文献出版社,2017。

何五一:《理性认知思想的法则(二十一世纪的工具论)》下册,湖北科学技术出版社,2014。

何向东等:《认知信息的逻辑理论与应用研究》,科学出版社,2019。

何向东主编《新逻辑学概论》,人民出版社、中国农业大学出版社,2009。

高航:《现代逻辑视域下的哲学逻辑研究》,西南交通大学出版社,2017。

李万华:《空间与逻辑》,中央编译出版社,2018。

李小五:《动态认知逻辑专题研究》(英文版),中山大学出版社,2010。

李小五:《条件句逻辑》,人民出版社,2003。

刘邦凡:《逻辑、知识与认知逻辑》,中国社会科学出版社,2019。

刘奋荣:《动态偏好逻辑》,科学出版社,2010。

马明辉:《分次模态语言的模型论》,科学出版社,2012。

潘天群:《博弈生存——社会现象的博弈论解读》,中央编译出版社,2002。

潘天群：《博弈思维——逻辑使你决策致胜》，北京大学出版社，2005。

潘天群：《逻辑、博弈与哲学践行》，中国社会科学出版社，2013。

潘天群：《社会决策的逻辑结构研究》，中国社会科学出版社，2003。

潘天群：《行动科学方法论导论》，中央编译出版社，1999。

任晓明等：《决策、博弈与认知——归纳逻辑的理论与应用》，北京师范大学出版社，2014。

任晓明、桂起权：《非经典逻辑系统发生学研究——兼论逻辑哲学的中心问题》，南开大学出版社，2011。

宋锋林：《认知的维度》，北京邮电大学出版社，2018。

唐晓嘉：《认知的逻辑分析》，西南师范大学出版社，2003。

唐晓嘉、郭美云主编《现代认知逻辑的理论与应用》，科学出版社，2010。

温纯如：《认知、逻辑与价值：康德〈纯粹理性批判〉新探》，中国社会科学出版社，2002。

王静：《戴维森纲领与知识论重建》，科学出版社，2013。

王磊：《科学、哲学和认知视域下的现代归纳逻辑研究》，燕山大学出版社，2021。

王路：《逻辑与哲学》，人民出版社，2007。

王轶：《混合空间逻辑》，浙江大学出版社，2016。

威廉姆·沃克·阿特金森：《逻辑十九讲》，李奇译，江苏人民出版社，2018。

熊立文：《现代归纳逻辑的发展》，人民出版社，2004。

休谟：《人类理解研究》，关文运译，商务印书馆，1957。

休谟：《人性论》，关文运译，商务印书馆，2006。

许涤非：《双主体认知逻辑研究》，中国社会出版社，2006。

徐英瑾：《认知成见》，复旦大学出版社，2015。

徐英瑾：《心智、语言和机器——维特根斯坦哲学和人工智能科学的对话》，人民出版社，2013。

约翰·范本特姆：《逻辑、认识论和方法论》，郭佳宏等译，科学出版社，2013。

约翰·范本特姆：《逻辑、语言和认知》，刘新文等译，科学出版社，2009。

约翰-克里斯蒂安·史密斯：《认知科学的历史基础》，武建峰译，科学出版社，2014。

余俊伟：《道义逻辑研究》，中国社会科学出版社，2005。

张建军：《逻辑悖论研究引论》，南京大学出版社，2002。

张力锋：《模态与本质：一个逻辑哲学的研究进路》，中国社会科学出版社，2014。

张莉敏：《道义逻辑——基于分支融合的视角》，中国社会科学出版社，2011。

张晓君：《信念—愿望—意图逻辑及其应用研究》，中国社会科学出版社，2017。

张学立等编著《哲学逻辑引论》，科学出版社，2013。

周昌乐编著《认知逻辑导论》，清华大学出版社、广西科学技术出版社，2001。

周章买：《公共知识的逻辑分析》，中国社会科学出版社，2012。

D. Hume, *A Treatise of Human Nature*, New York: Oxford University Press, 1740.

D. M. Armstrong, *Belief, Truth and Knowledge*, London: Cambridge University Press, 1973.

F. F. Schimitt, *Knowledge and Belief*, London: Routledge, 1992.

G. Harman, *Convention*, *in the Nature of Morality*, New York: Oxford University Press, 1977.

G. H. von Wright, *An Essay in Modal Logic*, Amsterdam: North-Holland Publishing Company, 1951.

H. Clark et al. , *Definite Reference and Mutual Knowledge*, Cambridge: Cambridge University Press, 1981.

J. Geanakoplos, *Approximate Common Knowledge*, New Haven: Yale University, 1994.

J. Geanakoplos, *Common Knowledge of Actions Negates Asymmetric Information about Events*, New Haven: Yale University, 1994.

J. Hintikka, *Knowledge and Belief*: An Introduction to the Logic of Two Notions, New York: Cornell University Press, 1962.

K. Binmore, *Do Converntions Need to Be Common Knowledge*, London: ESRC

Centre for Economic Learning and Social Evolution, 2008.

K. Collier, *Hintikka's Epistemic Logic*, Dordrecht: Reidel Publishing Company, 1987.

M. Bacharach, *The Acquisition of Common Knowledge*, London: Cambridge University Press, 1992.

P. Vanderschraaf et al., *Common Knowledg*, Stanford: Stanford Encyclopedia of Philosophy, 2005.

R. C. Moore, *A Formal Theory of Knowledge and Action*, Norwood: Ablex Publishing Corp, 1985.

R. Fagin et al., *An Internal Semantics for Modal Logic*, Rhode Island, USA: Proceeding of the 17th annual ACM Symposium on Theory of Computing Providence, 1985.

R. Fagin et al., *Common Knowledge Revisited*, Cambridge: MIT Press, 1995.

R. Fagin et al., *Reasoning about Knowledge*, Cambridge: MIT Press, 1995.

T. C. Schelling, *The Strategy of Conflict*, Cambridge: Harvard University Press, 1960.

二 论文

J. 范·本特姆、刘奋荣:《认知逻辑与认识论之研究现状》,《世界哲学》2006 年第 6 期。

卞拓蒙:《一个关系信念逻辑》,《逻辑学研究》2017 年第 3 期。

蔡曙山:《逻辑与认知》,《贵州民族大学学报》2017 年第 2 期。

蔡曙山:《认知科学背景下的逻辑学——认知逻辑的对象、方法、体系和意义》,《江海学刊》2004 年第 6 期。

蔡曙山:《认知科学框架下心理学、逻辑学的交叉融合与发展》,《中国社会科学》2009 年第 2 期。

陈广明:《密码通信下的动态认知逻辑》,《嘉应学院学报》2015 年第 11 期。

陈晓华:《认知逻辑研究述评》,《哲学动态》2008 年第 8 期。

陈敬坤:《认知二维语义学的逻辑基础和困境》,《人文杂志》2015 年第

10 期。

程仲棠:《无"是"即无三段论:语言主义的逻辑迷误——答王左立先生》,《重庆工学院学报》2009 年第 3 期。

蒂莫西·威廉姆森、徐召清:《关于认知逻辑的问答》,《河南社会科学》2017 年第 4 期。

董高伟:《认知博弈、信息与社会》,《社会科学家》2012 年第 8 期。

董英东:《单主体自认知逻辑系统》,《毕节学院学报》2010 年第 3 期。

董英东:《多主体自认知逻辑系统》,《西南大学学报》2009 年第 5 期。

董英东:《认知逻辑存在的问题及发展趋向》,《毕节学院学报》2009 年第 3 期。

丁一峰:《关于函数依赖关系的认知逻辑》,《逻辑学研究》2016 年第 4 期。

弓肇祥:《认知逻辑的新发展》,《哲学动态》2002 年第 3 期。

郭佳宏、邹崇理:《知道行动的一种一阶认知逻辑分析》,《哲学研究》2015 年第 10 期。

郭美云:《"和积之谜"的动态认知逻辑分析》,2007 年全国现代逻辑学术研讨会,秦皇岛,2007。

郭美云:《带有群体知识的动态认知逻辑》,博士学位论文,北京大学,2006。

郭美云:《从 PAL 看认知逻辑的动态转换》,《自然辩证法研究》2006 年第 1 期。

郭美云:《从动态认知逻辑的角度看偏好——刘奋荣〈动态偏好逻辑〉评介》,《逻辑学研究》2011 年第 2 期。

郭世铭:《多主体认知逻辑系统(语法部分)》,中国逻辑学会哲学与人文科学专题资料汇编,1998。

郝旭东:《弗协调认知逻辑研究》,博士学位论文,南开大学,2007。

黄玉兰、陈晓华:《认知封闭原则与逻辑全能问题》,《湖南科技大学学报》2014 年第 1 期。

侯静婕、王左立:《博弈论语义学量词逻辑语义解释理论的方法论》,《贵州民族大学学报》2018 年第 1 期。

李慧华:《一个刻画自省的自认知逻辑系统》,《贵州大学学报》2010 年第

6 期。

李夏妍、张敏强：《认知逻辑研究概观》，《首都师范大学学报》2005 年第 5 期。

李小五、何纯秀：《一个刻画理解的认知逻辑》，《西南大学学报》2009 年第 5 期。

梁果：《认识逻辑与认识逻辑的比较研究》，《大众文艺》2017 年第 23 期。

廖德明：《动态认知逻辑：变化中的认知推理》，《自然辩证法研究》2008 年第 12 期。

廖德明：《动态认知逻辑视域下的知识与信念》，《毕节学院学报》2010 年第 1 期。

廖德明：《动态认知逻辑研究述评》，《自然辩证法通讯》2009 年第 6 期。

廖德明：《会话交流的可计算性：从认知、逻辑的观点看》，《毕节学院学报》2009 年第 5 期。

铃木聪：《论信念逻辑与认知逻辑的决策论基础》，《逻辑学研究》2013 年第 1 期。

刘邦凡、何向东：《认知科学视域下的归纳逻辑研究述评》，《逻辑学研究》2014 年第 1 期。

刘邦凡、王磊：《科学、哲学与认知融合视域下的因果陈述逻辑》，《哲学研究》2013 年第 12 期。

刘奋荣：《从方法论的角度看动态认知逻辑的研究》，《世界哲学》2010 年第 3 期。

刘奋荣：《非单调性问题与自认知逻辑》，《哲学动态》2001 年逻辑研究专辑。

刘鹏：《论当代逻辑学研究的信息转向》，《江海学刊》2014 年第 3 期。

刘晓丽：《博弈论中的理性困惑及出路——基于选数博弈和最后通牒博弈的实验研究》，《兰州学刊》2012 年第 9 期。

潘天群：《言语博弈与认知世界的变迁》，《西南民族大学学报》2007 年第 11 期。

任晓明、黄闪闪：《贝叶斯推理的逻辑与认知问题》，《浙江大学学报》2012 年第 4 期。

王策:《"事实"概念的认知与逻辑重建》,《南昌大学学报》2016 年第 2 期。

王华平:《社会认知的知识优先进路》,《自然辩证法通讯》2021 年第 11 期。

王华平:《行动问题与行动的知觉理论》,《哲学研究》2013 年第 12 期。

王文方:《对认知逻辑一个新发展的若干省思》,《逻辑学研究》2014 年第 4 期。

王志远等:《偏好选择情结及其证明》,《广西民族师范学院学报》2011 年第 1 期。

王志远、周章买:《二人静态博弈的一般结构及其策略选择》,《广西民族师范学院学报》2013 年第 1 期。

王左立:《论演绎的辩护》,《南开学报》2006 年第 6 期。

王左立:《试论认知逻辑研究中的若干问题》,《南开学报》2003 年第 6 期。

王左立:《再谈无"是"即无逻辑——答程仲棠先生》,《河南大学学报》2012 年第 3 期。

魏燕侠、郑伟平:《论形式知识论的句法传统——以认知逻辑 S5 的合法性论争为例》,《哲学动态》2015 年第 7 期。

熊立文:《认知逻辑——对休谟问题的一种解决方案》,《中山大学学报论丛》2000 年第 2 期。

熊立文:《用认知逻辑刻画简单枚举法》,《哲学动态》2001 年逻辑研究专辑。

熊明辉:《非形式逻辑的对象及其发展趋势》,《中山大学学报》2006 年第 2 期。

熊明辉:《语用论辩术——一种批判性思维视角》,《湖南科技大学学报》2006 年第 1 期。

许涤非:《单主体认知逻辑的研究——理性性和真知性》,《湘潭师范学院学报》2003 年第 6 期。

许涤非:《单主体认知逻辑的研究——全知性和真知性》,《湘潭师范学院学报》2003 年第 2 期。

许涤非:《自信性认知逻辑》,《湖南科技大学学报》2004 年第 5 期。

徐康、王轶:《群体简单宣告逻辑》,《逻辑学研究》2018 年第 1 期。

殷杰等:《当代信息哲学的重要论题:认知、逻辑与计算》,《科学技术哲学研究》2017 年第 2 期。

张峰:《论博弈逻辑》,《学术论坛》2006 年第 3 期。

张建军:《逻辑全能问题与动态认知逻辑》,《自然辩证法研究》2000 年逻辑研究专题。

张建军、王习胜:《逻辑悖论、高阶认知与逻辑行动主义方法论——张建军教授学术访谈录》,《安徽师范大学学报》2015 年第 6 期。

张君:《认知逻辑和知识论:可能的融通》,《哲学研究》2007 年第 4 期。

张小燕、刘爱河:《认知结构刻画的新工具》,《自然辩证法研究》2005 年第 3 期。

周章买:《从博弈论的角度看公共 P-信念对协同攻击难题的解决》,《哲学动态》2010 年第 5 期。

周章买:《从演化博弈看文化的形成与稳定》,《哲学动态》2015 年第 10 期。

周章买:《普特南〈"意义"的意义〉矛盾剖析》,《理论界》2010 年第 9 期。

周章买:《语用博弈中文化背景的影响》,《湖南科技大学学报》2016 年第 2 期。

周章买、潘天群:《文化背景在协调博弈中的作用:一个试验研究》,《安徽大学学报》2011 年第 3 期。

周章买、王志远:《公共知识弱化初探》,《广西民族师范学院学报》2011 年第 6 期。

周志荣:《是逻辑,还是逻辑学——与程仲棠、王左立两位先生商榷》,《学术研究》2009 年第 12 期。

朱建平:《确证逻辑:一种基于证据的认知逻辑》,《深圳大学学报》2014 年第 3 期。

A. Baltag et al. , "The Logic of Common Announcements, Common Knowledge, and Private Suspicions," Proceedings of the 7th Conference on Theoretical Aspects of Rationality and Knowledge, 1998.

A. Billot et al. , "Sharing Beliefs: Between Agreeing and Disagreeing," *Econometrica*, 2000, 68 (3).

A. Billot et al. , "Sharing Beliefs and the Absence of Betting in the Choquet Expected Utility Model," *Statistical Papers*, 2002, 43 (1).

A. Brandenburger et al. , "Common Knowledge of an Aggregate of Expectations," *Econometrica*, 1990, 58 (5).

A. Brandenburger et al. , "Common Knowledge with Probability," *Journal of Mathematical Economics*, 1987, 15 (3).

A. Brandenburger et al. , "Hierarchies of Beliefs and Common Knowledges," *Journal of Economic Theory*, 1993, 59 (1).

A. Hazlett, "The Value of Common Knowledge," *Synthese*, 2022, 200 (1).

A. Heifetz, "Iterative and Fixed Point Common Belief," *Journal of Philosophical Logic*, 1999, 28 (1).

A. Rubinstein, "The Electronic Mail Game: Strategic Behavior Under 'Almost Common Knowledge'," *American Economic Review*, 1989, 79 (3).

A. Rubinstein et al. , "On the Logic of 'Agreeing to Disagree' Type Results," *Journal of Economic Theory*, 1990, 51 (1).

B. Bruin, "Common Knowledge of Payoff Uncertainty in Games," *Synthese*, 2008, 163 (1).

B. D. Bernheim, "Rationalizable Strategic Behavior," *Econometrica*, 1984, 52 (4).

B. Kooi et al. , "Reduction Axioms for Epistemic Actions," International Conference on Advances in Modal Logic, 2004.

C. Bicchieri, "Backward Induction with Common Knowledge," *PSA: Proceedings of the Biennial Meeting of the Philosophy of Science Association*, 1988, (2).

C. Bicchieri, "Self – refutiing Theories of Strategic Interaction: A Paradox of Common Knowledge," *Erkenntnis*, 1989, 30 (1).

C. C. Tan et al. , "On Aumann's Notion of Common Knowledge: An Alternative Approach," *Revista Brasileira de Economia*, 1986, 46 (2).

C. Dwork et al. , "Knowledge and Common Knowledge in a Byzantine Environment: Crash Casaius Andre," *Focal Points in Framed Strategic Forms*,

Games and Economic Behavior, 2000, (32).

D. Lehmann, "Knowledge, Common Knowledge, and Related Puzzles (Extended Summary)," Proc. 3nd ACM Symp on Priciples of Distributed Computing, 1984. Failures, *Information and Computation*, 1990, 88 (2).

D. Lewis, "Thuth in Fiction," *American Philosophical Quarterly*, 1978, 15 (1).

D. Monderer et al. , "Approximating Common Knowledge with Common Beliefs," *Games and Economic Behavior*, 1989, (1).

D. Pearce, "Rationalizable Strategic Behavior and the Problem of Perfection," *Econometrica*, 1984, 52 (4).

D. Samet, "Common Priors and Separation of Convex Sets," *Games and Economic Behavior*, 1998, 24 (1).

D. Samet, "Iterated Expectations and Common Priors," *Games and Economic Behavior*, 1998, 24 (1).

F. Satoshi, "Formalizing Common Belief with No Underlying Assumption on Individual Beliefs," *Games and Economic Behavior*, 2022, 121 (1).

F. Song, "Common Knowledge: A New Problem for Standard Consequentialism," *Ethical Theory and Moral Practice*, 2022, 200 (1).

F. Wolter, "First Order Common Knowledge Logics," *Studia Logica*, 2000, 65 (2).

G. Bonanno, "On the Logic of Common Belief," *Mathematical Logic Quarterly*, 1996, 42 (1).

G. Bruce, Ken Binmore, "Just Playing. Game Theory and the Social Contract," *Public Choice*, 2000, 102 (1-2).

G. Neiger et al. , "Common Knowledge and Consistent Simultaneous Coordination," *Distributed Computing*, 1993, 6 (3).

G. Sillari, "Common Knowledge and Convention," *Topoi*, 2008, 27 (1).

H. J. Levesque, "Foundations of Functional Approach to Knowledge Representation," *Artificial Intelligence*, 1984, 23 (2).

H. S. Shin, "Logical Structure of Common Knowledge," *Journal of Economic Theory*, 1993, 60 (1).

H. S. Shin et al. , "How Much Common Belief Is Necessary for Convention?," *Games and Economic Behavior*, 1996, 13 (2).

H. Sturm et al. , "Common Knowledge and Quantification," *Economic Theory*, 2002, 19 (1).

H. W. Stuart, "Common Belief of Rationality in the Finitely Repeated Prisoners' Dilemma," *Games and Economic Behavior*, 1997, 19 (1).

J. Barwise, "The Situation in Logic: On the Model Theory of Common Knowledge," CSLI Lecture Notes, 1989.

J. Barwise, "Three Views of Common Knowledge," CSLI Working Paper, 1988.

J. C. Harsanyi et al. , "Games with Incomplete Information Played by Bayesean Players: Part I," *Management Science*, 1967, (8).

J. Geanakoplos, "Common Knowledge," *Journal of Economic Perspectives*, 1992, 6 (4).

J. Geanakoplos et al. , "We can't Disagree Forever," *Journal of Economic Theory*, 1982, 28 (1).

J. Heisawn et al. , "Knowledge Convergence and Collaborrative Learning," *Instructional Science*, 2007, 35 (4).

J. McCarthy et al. , "On the Model Theory of Knowledge," Technical Report STAN-CS-78-657, Stanford University, 1979.

J. R. Cameron, "Jonathan Bennett's Linguistic Behavior," *Philosophical Quarterly*, 1977, 27 (9).

J. Y. Halpern, "Using Reasoning about Knowledge to Analyze Distributed Systems," *Annual Review of Computer Science*, 1987, 2 (1).

J. Y. Halpern et al. , "A Guide to Completeness and Complexity for Mmodal Logics of Knowledge and Belief," *Artificial Intelligence*, 1992, 54 (3).

J. Y. Halpern et al. , "A Guide to the Modal Logic of Knowledge and Belief: Preliminary Draft," Proceedings of the 9th Inetenational Joint Conference on Artificial Intelligence, 1985.

J. Y. Halpern et al. , "An Introduction to Logics of Knowledge and Belief," *ArXiv preprint arXiv*, 2015.

J. Y. Halpern et al. , "Knowledge and Common Knowledge in a Distributed Environment," *Journal of the ACM*, 1990, 37 (3).

J. Y. Halpern et al. , "Reasoning about Knowledge: An Overview," Proceedings of the 1986 Conference on Theoretical Aspects of Reasoning about Knowledge, 1986.

K. Binmore et al. , "A Common Knowledge and Game Theory," *Theoretical Economics Paper*, 1988.

Kin Chung Lo. , "Sharing Beliefs about Actions," *Mathematical Social Sciences*, 2007, 53 (2).

L. Alberucci et al. , "About Cat Elimination for Common Knowledge Logics," *A Pure Apply Logic*, 2004, (133).

L. Biacino and M. R. Simonelli, "Fuzzy Common Knowledge," *Journal of Mathematical Economics*, 1995, 24 (1).

L. Lismont, "Common knowledge: Relating Anti−founded Situation Semantics to Modal Logic Neighbourhood Semantics," Logic, *Language and Information*, 1994, 3 (4).

L. Lismont et al. , "Belief Closure: A Semantic of Common Knowledge for Modal Propositional Logic," *Mathematical Social Sciences*, 1995, 31 (1).

L. Lismont et al. , "On the Logic of Common Belief and Common Knowledge," *Theory and Decision*, 1994, 37 (1).

L. Nielsen, "Common Knowledge, Communication, and Convergence of Beliefs," *Mathematical Social Sciences*, 1984, 8 (1).

L. Samuelson, "Dominated Strategis and Common Knowledge," *Games and Economic Behavior*, 1992, 4 (2).

Laura Bangun et al. , "Common Knowledge and Almost Common Knowledge of Credible Assignments in a Coordination Game," *Economics Bulletin*, 2006, 3 (1).

Lifeng He et al. , "Multi−agent Cooperative Reasoning Using Common Knowledge and Implicit Knowledge," Pacific Rim International Conference on Artificial Intelligence, 2000.

M. Bacharach, "Some Extensions of a Claim of Aumann in an Axiomatic Model of Knowledge," *Journal of Economic Theory*, 1985, 37 (1).

M. Colombetti, "Different Ways to Have Something in Common," *Datalogiske Skrifter*, 1998, (78).

M. Fenster et al. , "Coordination without Communication: Experimental Valida-tion of Focal Point Techniques," Proceedings of the First International Con-ference on Multiagent Systems, 1995.

M. Gilbert, "Coordination Problems and the Evolution of Behavior," *Behavioral and Brain Sciences*, 1984, 7 (1).

M. Kaneko, "Common Knowledge Logic and Game Logic," *Journal of Symbolic Logic*, 1999, 64 (2).

M. Kaneko, "Structural Common Knowledge and Factual Common Knowledge," *RIEE Working Paper*, 1987.

M. Kaneko et al. , "Axiomatic Indefinability of Common Knowledge in Finitary Logics," in M. Bacharach, L. A. Gerard-Varet, P. Mongin and H. Shin, eds. , *Epistemic Logic and the Theory of Games and Decisions*, Netherlands: Kluwer Academic Publishers, 1997.

M. Sato, "A Study of Kripke-style Methods for Some Modal Logics by Gentzen's Sequential Method," *Publications of the Research Institute for Mathematical Sciences*, 1997, 13 (2).

M. Schneider, "A Theory of Focal Points in 2 * 2 Games," *Journal of Economic Psychology*, 2018, (65).

N. Stokey et al. , "Information, Trade, and Common Knowledge," *Journal of E-conomic Theory*, 1982, 26 (1).

P. Cedric, "Common Sense and Common knowledge," *Etudes Philosophiques*, 2017, (4).

P. Milgrom, "An Axiomatic Characterization of Common Knowledge," *Econo-metrica*, 1981, (1).

P. Milgrom et al. , "Information, Trade and Common Knowledge," *Economic Theory*, 1982, 26 (1).

P. Panangaden et al. , "Concurrent Common Knowledge: Defining Agreement for Asynchronous Systems," *Distributed Computing*, 1992, 6 (2).

P. Reny, "Rationality, Common Knowledge and the Theory of Games," mimeo, Department of Economics, University of Weatern Ontario, 1987.

P. Syverson, "Logic, Convention, and Common Knowledge. A Covertionalist Accout of Logic. With a Foreword by Anthony Everett," Indiana University, 2002.

R. A. Schmide et al. , "Multi-agent Logics of Dynamic Belief and Knowledge," JELIA, 2002.

R. Abelson, "Knowledge and Belief," *The Journal of Philosophy*, 1968, (65).

R. Cubitt et al. , "Common Knowledge, Salience and Convention: A Reconstruction of David Lewis' Game Theory," *Economics and Philosophy*, 2003.

R. Cubitt et al. , "Common Reasoning in Games: A Lewisian Analysis of Common Knowledge of Rationality," *Economics and Philogophy*, 2014, 30 (3).

R. D. McKelvey et al. , "Common Knowledge, Consensus, and Aggregate Information," *Econometrica*, 1986, 54 (1).

R. F. Nau, "The Incoherence of Agreeing to Disagree," *Theory and Decision*, 1995, 39 (3).

R. Fagin et al. , "A Model-Theoretic Analysis of Knowledge," *Journal of Association for Computing Machinery*, 1991, 38 (2).

R. Fagin et al. , "Common Knowledge Revisited," *Annals of Pure and Applied Logic*, 1999, 96 (1).

R. Fagin et al. , "Reasoning about Knowledge and Probability," *Journal of the Association of Computing Machinery*, 1994, 41 (2).

R. Fagin et al. , "The Hierarchical Approach to Modeling Knowledge and Common Knowledge," *International Journal of Game Theory*, 1999, 28 (3).

R. Parikh, "The Logic of Games and Its Applications," *Northe-Holland Mathematics Studies*, 1985, 102 (24).

R. J. Aumann, "Agreeing to Disagree," *The Annals of Statistics*, 1976, 4 (6).

R. J. Aumann, "Backward Induction and Common Knowledge of Rationality,"

Games and Economic Behavior, 1995, 8 (1).

R. J. Aumann, "Common Priors: A Reply to Gul," *Econometrica*, 1998, 66 (1).

R. J. Aumann et al., "Chapter 43 Incomplete Information," *Handbook of Game Theory with Economic Applications*, 2002, 3.

R. S. Simon, "The Generation of Formulas Held in Common Knowledge," *International Journal of Game Theory*, 2001, 30 (1).

R. Stalnaker, "Common Ground," *Linguistics & Phylosophy*, 2002.

S. Artemov, "Justified Common Knowledge," *Theoretical Computer Science*, 2006, 357 (1).

S. Morris, "Approximate Common Knowledge Revisited," *International Journal of Game Theory*, 1999, 28 (3).

S. Morris et al., "Approximate Common Knowledge and Co-ordination: Recent Lessons from Game Theory," *Journal of Logic, Language and Information*, 1997, 6 (2).

S. Werlang, "Common Knowledge and Game Theory," FGV EPGE Economics Working Papers, 1986.

T. Mizrahi et al., "Continuous Consensus via Common Knowledge," *Distributed Computing*, 2008, 20 (5).

V. V. Rybakov, "Refined Common Knowledge Logics or Logics of Common Information," *Archive for Mathematical Lodic*, 2003, 42 (2).

Y. O. Moses et al., "Programming Simultaneous Actions Using Common Knowledge," *Algorithmica*, 1988, (3).

Z. Neeman, "Approximating Agreeing to Disagree Results with Commonp-beliefs," *Discussion Paper*, 1996, 12 (1).

图书在版编目（CIP）数据

公共知识的认知逻辑 / 陈素艳著 . --北京：社会
科学文献出版社，2025.4. --（认知哲学文库）.
ISBN 978-7-5228-4890-7

Ⅰ. B815.3

中国国家版本馆 CIP 数据核字第 2025RT2269 号

认知哲学文库

公共知识的认知逻辑

著　　者／陈素艳

出 版 人／冀祥德
责任编辑／周　琼
文稿编辑／梅怡萍
责任印制／岳　阳

出　　版／社会科学文献出版社·马克思主义分社（010）59367126
　　　　　　地址：北京市北三环中路甲 29 号院华龙大厦　邮编：100029
　　　　　　网址：www.ssap.com.cn
发　　行／社会科学文献出版社（010）59367028
印　　装／三河市东方印刷有限公司

规　　格／开　本：787mm×1092mm　1/16
　　　　　　印　张：11.75　字　数：185 千字
版　　次／2025 年 4 月第 1 版　2025 年 4 月第 1 次印刷
书　　号／ISBN 978-7-5228-4890-7
定　　价／79.00 元

读者服务电话：4008918866